"十四五"普通高等教育规划教材 | 国际化设计类专业高等教育丛书

高等院校艺术与设计类专业"互联网+"创新规划教材

景观调研与设计

徐晓艺　胡沛东　章莉锋　编著

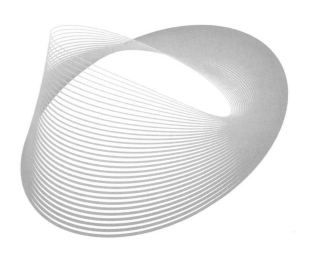

U0246855

北京大学出版社

PEKING UNIVERSITY PRESS

内 容 简 介

本书基于英国环境设计的模块化教育体系，在武汉纺织大学通识课程和设计实践平台的基础上，融入伯明翰城市大学专业设计模块，旨在培养学生的设计创意能力和设计实践能力，从而形成具有学院自身特色的设计人才培养体系。本书共三章，第一章介绍了景观调研与设计；第二章介绍了场地调研与灵感生发；第三章是课程总结及反馈。

本书既可作为高等院校环境设计及相关艺术设计专业的教材，也可以作为环境设计爱好者的自学或辅导用书。

图书在版编目（CIP）数据

景观调研与设计 / 徐晓艺，胡沛东，章莉锋编著 . —— 北京：北京大学出版社，2025. 3. ——（高等院校艺术与设计类专业"互联网+"创新规划教材）. —— ISBN 978-7-301-35773-6

Ⅰ. TU983

中国国家版本馆 CIP 数据核字第 20248FY936 号

书　　　名	景观调研与设计
	JINGGUAN DIAOYAN YU SHEJI
著作责任者	徐晓艺　胡沛东　章莉锋　编著
策 划 编 辑	孙　明
责 任 编 辑	李瑞芳
数 字 编 辑	金常伟
标 准 书 号	ISBN 978-7-301-35773-6
出 版 发 行	北京大学出版社
地　　　址	北京市海淀区成府路 205 号　100871
网　　　址	http://www.pup.cn　新浪微博：@北京大学出版社
电 子 邮 箱	编辑部 pup6@pup.cn　总编室 zpup@pup.cn
电　　　话	邮购部 010-62752015　发行部 010-62750672　编辑部 010-62750667
印 刷 者	北京宏伟双华印刷有限公司
经 销 者	新华书店
	889 毫米 × 1194 毫米　16 开本　10 印张　264 千字
	2025 年 3 月第 1 版　2025 年 3 月第 1 次印刷
定　　　价	69.00 元

序　言

　　20 世纪 20 年代，中国设计教育随着西方艺术设计经验及理论的引入正式拉开了帷幕。由于深受国内外工艺美术的影响，我国早期高等设计教育培养体系往往偏重设计类专业表现技法应用和制作工艺研究方面。随着改革开放的到来，我国的高等设计教育事业得以迅速发展。自 20 世纪 90 年代开始，艺术设计专业逐渐出现，并在各个学院取代了原有的工艺美术专业。2011 年，国务院学位委员会和教育部将艺术学从文学门类独立出来，成为第 13 个学科门类，设计学也成为该学科门类下的一级学科。自此，我国高等设计教育在历经了模仿、摸索阶段和吸收、消化阶段后，开启了自主务实的新征程。

　　在全球经济一体化不断推进的背景下，跨境及跨文化教育已经成为当前高等教育界的热点话题和发展趋势。高等教育的国际化是共享全球优质教育资源的具体表现形式，它不仅仅是我国高等教育的一种办学方式，更是培养一流人才的重要途径之一，其目标是引进和借鉴国外先进的教育理念，将有益的办学经验融入我国教育实践，并围绕本土国情进行融合创新，从而培养出卓越的国际化专业人才。近年来，我国高校通过不断地引进西方优质教育资源，提高了国际化的教学水平，在加快自主创新和社会服务能力建设的同时，也扩大和提高了中国高等教育的国际影响力。

武汉纺织大学伯明翰时尚创意学院是湖北省第一家本科层次的中外合作办学机构，以立德树人为根本任务，近年来充分吸收英国先进的办学和治学经验，遵循我国高等设计教育的一般规律，扎根本土办教育。学院通过引入国外优质设计教育资源，融合中英设计教育理念，建构了模块化的专业课程体系、全景互动式的教学模式和多维立体式的评价机制，将我国传统设计教育从注重专业知识的传授转为对设计创意能力的培养，着重提升设计类专业学生的自主学习能力、设计创新意识和反思批判精神。

"国际化设计类专业高等教育丛书"是武汉纺织大学伯明翰时尚创意学院近年来对设计类专业人才培养创新改革成果的系统性总结。丛书精心挑选来自视觉传达设计、环境设计和数字媒体艺术三个专业相关核心模块化课程的教学实例，从各个课程的学习目标、教师安排、授课方式、课程体系、反馈评价和学业体验等方面进行讲述，系统性地介绍了西方高等设计教育的教学理念、人才培养模式和质量保障体系。

相信"国际化设计类专业高等教育丛书"的出版和推广应用，能够对我国传统设计类专业的教育理念、课程规划、教学思路、学习过程和评价方式起到推动的作用，进而拓展我国高等设计教育工作者的专业视角，改变以往以教师为主体的灌输式的授课模式和以学生为个体完成设计作品的实践方式，通过创造和设立不同的教学内容和组织形式，有效地引导学生由被动学习设计转为主动探究创新，提高学生敢于质疑的批判精神、善于表现自我的能力素质和勇于沟通的团队协作意识，最终为推动我国高等设计教育高质量、内涵式发展提供一条新思路。

武汉理工大学"双一流"学科建设首席教授、博士研究生导师
全国艺术专业学位研究生教育指导委员会委员
教育部高等学校设计学类专业教学指导委员会委员
2023 年 1 月

前 言

生态文明建设已成为中国迈向现代化的重要战略。党的二十大报告提出："全方位、全地域、全过程加强生态环境保护，生态文明制度体系更加健全，污染防治攻坚向纵深推进，绿色、循环、低碳发展迈出坚实步伐，生态环境保护发生历史性、转折性、全局性变化，我们的祖国天更蓝、山更绿、水更清。"景观设计作为生态文明的重要实践领域，承载着促进人与自然和谐共生的使命。

"景观调研与设计"是环境设计专业以"创意思维训练"为先导的专业基础课程。通过本课程的学习，学生可以了解景观的产生、发展和应用等基础知识，以及景观设计的要素、理论、方法、设计流程和表现手法等；理解场地调研、场地分析和场地解构的关联性，以及场地调研和分析在方案设计中的地位和作用；掌握空间观察记录、五感体验、周边环境调研和空间尺度探索等场地调研方式；能够运用场地分析的方法，提炼体现场地特征的元素，从场地、自然、功能和文脉中探索设计灵感，不断完善并形成设计方案。

关于本书的教学安排，有如下建议。

1. 设计能力的培养

"景观调研与设计"课程应注重通过调研能力和创新思维能力的培养，达到提升学生设计能力的培养目标。组织学生通过观察、测量、收集文献资料和问卷等形式进行场地调查和认知，并基于调查信息利用地图法对场地进行全面的评估和解读，培养学生的调查研究能力；结合景观设计经典案例分析，引导学生从场地、技术、文脉、功能、历史、自然和意境等方面寻找设计灵感，利用设计思维导图厘清设计概念，培养学生的创新思维能力。

2. 多元的教学方式

本课程主要采用讲座、工作坊、研讨会、一对一辅导和场地实践等教学方式。通过讲座方式，考虑学科之间的交叉性和包容性，将理论性研究与探索性研究融入课堂教学；通过工作坊、一对一辅导、研讨会和场地实践等方式，采用"引导、启发和团队合作"等以学生为中心的教学模式，教师仅作为学习的引导者和指导者，将学习的主导权交给学生，激发学生的专业兴趣，最大限度地发挥学生的主动性和创造性，培养学生自主学习能力、创新思维能力和团队精神。

3. 教学重点内容

基于课程大纲规定的数据收集及分析、创造性思维、实践技术技能、理解及应用技能4项考评要求，将课程细化为以下5个课题项目。

项目一：认识景观。该项目从生活场景出发，提炼出景观及景观设计的定义、分类，并聚焦身边的景观。

项目二：探索场地——场地认知体验。该项目引导学生通过空间记录、五感体验、时间观察等行走感知及理性思考的调研方式，多维度地体验场地空间。帮助学生与场地建立一场深刻的对话，加强对场地的认知，加深对生活和世界的理解，从而拓宽景观设计的视野。

项目三：分析场地——场地认知思辨。除了对场地本身的观察和体验，该项目还引导学生探索场地周边的环境及背景，挖掘场地内部与外部的联系。

项目四：解构场地——灵感生发。该项目基于前期任务中对场地环境的深刻解读，运用案例分析、模型探索等方式，帮助学生从场地、自然、功能和文脉中探索设计灵感，并运用图解思维引导学生不断形成、表达、推演和发展设计概念。

项目五：改造场地——设计方案产出与表达。该项目通过阐述制图规范和设计表现手法，不断深化设计细节，引导学生通过自己的实践探索，选择合适的材料、肌理及配色，运用到图面表达中，完成整套设计方案。最终，要求学生以图文并茂的形式反思整个设计过程，因为反思的过程有助于学生整理设计思路，检查设计逻辑，巩固所学知识。

本书在编写过程中，得到了武汉纺织大学伯明翰时尚创意学院的教师，以及历届学生的大力支持。感谢以下学生积极主动地参与本书的素材收集和编校工作！他们是：环境设计 2018 级学生陈恩纯、王淼、刘芃芃、樊勃、黄虹、胡睿泽、马聚阳等，环境设计 2020 级学生刘一灿、何楠、顾晓贝、徐路瑶、谭玉然等；环境设计 2021 级学生黄晨希、王梦雅、刘彩仪、聂榆、周俊彦、曹润泽、李诗、陈博穹、谭雅婷、陈雨欣、刘畅、刘一灿、刘俊秀、刘洽含等。特别要说明的是，书中所使用作业图例多为编者教学指导的环境设计 2018 级、2019 级、2020 级、2021 级学生的优秀作业，特别是 2021 级学生的场地调研、期末作业和课程展示成为本书案例、素材和灵感的来源。感谢院长李万军教授、副院长闫俊副教授的指导、督促和帮助！

设计研究是一个尝试性的探索过程，本书的内容是基于编者近几年的教学实践和理论研究逐渐形成的；本书的观点和结论是在特定的场地现状和资料约束条件下得出的，仅供教学或学术参考。

本书涉及内容广泛，难免有疏漏之处，敬请读者朋友们批评指正。

徐晓艺

2024 年 9 月

【资源索引】

目 录

第1章 景观调研与设计   001

  1.1   课程介绍   002

  1.2   项目任务   005

  1.3   教学目标   007

  1.4   思政体系   008

第2章 场地调研与灵感生发   011

  2.1   项目一：认识景观   012

  2.2   项目二：探索场地——场地认知体验   027

    2.2.1   课堂讲座   028

    2.2.2   探索场地实践   053

    2.2.3   总结与反思   060

  2.3   项目三：分析场地——场地认知思辨   068

    2.3.1   课堂讲座   069

    2.3.2   场地认知实践   075

    2.3.3   总结与反思   080

  2.4   项目四：解构场地——灵感生发   082

    2.4.1   课堂讲座   084

    2.4.2   设计概念产出与深化   096

    2.4.3   总结与反思   101

2.5　项目五：改造场地——设计方案产出与表达　　　105

　　2.5.1　课堂讲座　　　106

　　2.5.2　设计产出实践　　　118

　　2.5.3　总结与反思　　　127

第3章　课程总结与反馈　　　139

3.1　教学模式　　　140

3.2　培养体系　　　141

3.3　学生反馈　　　146

3.4　教师评价　　　148

参考文献　　　149

第1章

景观调研与设计

　　党的二十大报告提出，要"实施科教兴国战略，强化现代化建设人才支撑"，并强调"推进文化自信自强，铸就社会主义文化新辉煌"。武汉纺织大学伯明翰时尚创意学院由武汉纺织大学与英国伯明翰城市大学合作创办，学院引进英国现代设计教育体系，在武汉纺织大学通识课程和设计实践平台的基础上，融入伯明翰城市大学设计专业模块课程，旨在培养学生的设计创意能力和设计实践能力，形成了具有学院自身特色的设计人才培养体系。

　　本书以"景观调研与设计"课程为例，展示模块化课程的教学过程及设计体验。

1.1 课程介绍

　　西方国家环境设计相关专业的本科教学，不可否认在发展历程上先行一步，在基础课程的设置上具有先进的教学理念、丰富的教学方法和完善的教学体系。以英国谢菲尔德大学为例，该校在景观设计专业基础课程规划时聚焦体验式与研究式教学路径，确实能在初始阶段激发学生对专业的兴趣，助力学子勾勒出契合自身专业进阶的知识技能蓝图。再看新加坡莱佛士设计学院，创新性地将"理论与实践"以经纬交织般的立体化课程范式贯通基础课程全程，颇具新意。然而，当我们把目光转回国内，会发现我国的环境设计教育土壤同样深厚肥沃。虽然我国多数艺术类院校在一定程度上延续了 1980 年中央工艺美术学院的教学体制，在环境设计基础课程教学中还存在部分课程相对孤立、教学理念更新稍缓、教学内容与专业适配度有待提升等阶段性状况，但越来越多的院校正在积极融合现代教育理念，全力挣脱传统造型类训练的狭隘束缚。

基础课程是设计专业教学中非常重要的一个环节，课程开设的主要目的是激发学生的专业兴趣，培养学生的设计意识和创新能力，引导学生掌握必备的专业理论及技能，为系统地学习专业课程奠定良好的基础。环境设计基础课程的设置应考虑学科之间的交叉性及包容性，教师需基于学生特性及课程目标进行整合，并将理论性研究与探索性研究融入课堂教学中。

武汉纺织大学伯明翰时尚创意学院在环境设计专业模块课程的设置上，引入了英国伯明翰城市大学模块化教育理念，构建了"基础 – 综合 – 拓展"的三段进阶式创意模块课程群，确保了专业知识的系统性和设计实践过程的连贯性，激发了学生创意思维的生成。"景观调研与设计"作为环境设计专业景观设计方向以"创意思维训练"为先导的基础模块课程，自 2016 年至今，该课程整体运行平稳，学生反馈良好。

"景观调研与设计"模块课程包括：课程简介、教学目标、教学内容、教学方式、考评要求、学时分配、评估及反馈、关联课程、学习资料 9 个方面。

1. 课程简介

"景观调研与设计"作为环境设计专业基础模块课程，主要授课对象为大一新生，总学时为 100 学时（其中包括 40 学时授课时间，30 学时自主学习，30 学时的场地实践）。模块课程于 10 月开始，次年 1 月结束，考核评价为 100% 课程作业。

2. 教学目标

通过该模块课程的学习，帮助学生初步了解环境设计专业，并深化对本专业知识及学科结构的认识，奠定专业理论基础。

3. 教学内容

该模块课程所涉及的教学内容具体如下。

（1）课程概要、结构和原则；

（2）专业学科背景及就业领域；

（3）景观设计基本理论；

（4）场地调研对象及方法；

（5）调研数据整合及分析；

（6）设计思维与流程；

（7）制图规范、平面图、剖面图、透视图（效果图）、轴测图和实体模型；

（8）设计表现技法（图案、肌理、形式、颜色及文化符号）；

（9）展示答辩技能。

4. 教学方式

根据大纲要求，该模块课程可采用讲座、工作坊、研讨会、一对一辅导、场地实践等教学方式。除此之外，还需通过博客、论坛、视频等媒介进行教学补充。教师基于期中检查与期末测评对学生的整个学习过程及成果的质量进行把控。学生被要求按照课表统一上课的同时，每周还需进一步安排自主学习的时间（见表1-1）。

表1-1　教学安排

周次	项目	教学内容	教学方式
1	项目一	认识景观	讲座
2 3 4	项目二	探索场地——场地认知体验	讲座 场地实践 一对一辅导
5 6 7	项目三	分析场地——场地认知思辨	讲座 场地实践 一对一辅导
8 9 10	项目四	解构场地——灵感生发	讲座 工作坊 一对一辅导
11 12 13	项目五	改造场地——设计方案产出与表达	讲座 一对一辅导 答辩汇报

5. 考评要求

模块项目的设置与教学目标紧密相连，在课程完成后学生所展现的专业知识、理解力及实践能力，须与教学目标相呼应。同时，所设置的4个项目成果在期末评分中的权重均为25%（见表1-2）。为体现教学任务的科学性，每个教学成果都有相应的教学质量考核评价文件条款与之对应，其中包括英国质量保证局、英国风景园林协会质量标准、中国风景园林工程能力评价规范。

表1-2　考核评价要求及权重

权重	教学目标（项目）	权重	教学目标（项目）
25%	教学目标01：教学活动中，能够自主收集并运用相关数据信息的能力 项目一：认识景观 项目二：探索场地——场地认知体验	25%	教学目标03：探索和提高实践技术与技能，有效地表达场地故事 项目四：解构场地——灵感生发
25%	教学目标02：运用创造性思维构建场地故事 项目三：分析场地——场地认知思辨	25%	教学目标04：作为学生阶段的设计师，应具备一定的理解能力，以及自我提升专业实践水平的能力 项目五：改造场地——设计方案产出与表达

6. 学时分配

模块教学大纲规定，在该模块课程中，教师讲授应占总时长的 40%，学生场地实践应占总时长的 30%，自主学习时间应占总时长的 30%。

7. 评估及反馈

本课程的考核评价主要由期中检查和期末测评两个部分组成。期中检查是指在课程中期，通过口头建议、同学互评、表现剖析或文字反馈等形式帮助教师了解学生专业知识的掌握程度，进一步明确课程方向。该模块课程要求至少一次期中检查，但期中检查的分数不计入期末测评。期末测评要求学生提交作品集（其中包括图纸、模型照片、研究报告、手绘本和草图本），教师须根据以上课题项目中的四项原则为基础详细地列出评分标准，评分权重依次为：调查研究 50%，设计成果 25%，汇报交流 25%。

8. 关联课程

本课程作为专业导入课程之一，其所教授的知识和技能将贯穿专业学习的整个阶段及以后的职业生涯，与大二的"景观构成及空间设计"等课程直接关联。

9. 学习资料

本课程提供的学习资源包括景观设计原理、技巧与方法、制图规范、优秀案例及线上线下学习资料（见表 1-3），帮助学生了解模块课程的具体内容。

表 1-3　学习资料

《人性场所：城市开放空间设计导则》，（美）克莱尔·库珀·马库斯，北京科学技术出版社
《园林景观设计：从概念到形式》，（美）格兰特·里德，中国建筑工业出版社
《城市意象》，（美）凯文·林奇，华夏出版社
《景观设计制图与绘图》，陈怡如，大连理工大学出版社
《图解人类景观：环境塑造史论》，（美）杰弗瑞·杰里柯，同济大学出版社
《景观设计学：场地规划与设计手册》，（美）巴里·斯塔克，中国建筑工业出版社
《设计几何学》，（美）金伯利·伊拉姆，知识产权出版社
《设计结合自然》，（美）伊恩·伦诺克斯·麦克哈格，天津大学出版社
《大众行为与公园设计》，（美）阿尔伯特·J.拉特利奇，中国建筑工业出版社

1.2　项目任务

基于课程大纲所规定的数据收集及分析、创造性思维、实践技术技能、理解及应用技能 4 项考核评估要求，将该课程细化为 5 个课题项目（见表 1-4），具体如下。

表1-4 项目任务安排

	项目编号	项目主题	对应知识点
景观调研与设计	一	认识景观	景观与景观设计 现代景观设计的发展趋势 景观设计流程与思维
	二	探索场地——场地认知体验	空间记录 五感体验 时间观察
	三	分析场地——场地认知思辨	场地要素分析 场地认知整合
	四	解构场地——灵感生发	设计灵感探究 理性与感性的交互
	五	改造场地——设计方案产出与表达	制图规范标准 分析构图绘像 设计表现与风格

项目一：认识景观

该部分从生活场景出发，提炼出景观及景观设计的定义、分类，并聚焦于身边的景观。

项目二：探索场地——场地认知体验

该部分引导学生通过空间记录、五感体验、时间观察等行走感知及理性思考的调研方式，多维度地体验场地空间。帮助学生与场地建立一场深刻的对话，加强对场地的认知，加深对生活和世界的理解，从而拓宽景观设计的视野。

项目三：分析场地——场地认知思辨

除了对于场地本身的观察和体验，该部分仍然会引导学生探索场地周边的环境及背景，挖掘场地内部与外部的联系。

项目四：解构场地——灵感生发

基于前期任务中对于基地环境的深刻解读，运用案例分析、模型探索等方式，帮助学生从场地、自然、功能和文脉中探索设计灵感，并运用图解思维引导学生不断形成、表达、推演和发展设计概念。

项目五：改造场地——设计方案产出与表达

充分了解制图规范及设计表现手法，不断深化设计细节，学生通过自己的实践探索，选择合适的材料、肌理及配色并运用到图面表达中，完成整套设计方案。最终要求学生以图文并茂的形式反思整个设计过程，反思的过程有助于帮助学生整理设计思路，检查设计逻辑，巩固所学知识。

本课程共13周，课程中项目一至项目五的时间分配依次为1周、3周、3周、3周、3周。项目一主要是以集中讲授的方式引导学生认识景观和景观设计；项目二主要是引导学生通过观察、调研、测量和分析等研究方式，从场地中发掘并整理出相关信息，该教学活动多在室外进行；项目三是项目二的延伸，进一步探索场地内外的关联性；项目四的主要内容是要求学生基于项目二及项目三的调研分析，在抽象形态探索及优秀案例学习中寻找设计灵感，并将概念设计进行延伸；项目五作为课程的最后一个阶段，承接并深化项目四的概念设计，最终完成一套完整的景观设计方案。视觉表达主要体现在数据图像化、方案表达以及整个课题任务内容的版式设计上。

本课程教学形式多样，其中包括5次讲座、5次场地实践和多次工作坊。同时，在教学中融入了小组讨论、师生一对一辅导、口头汇报、中期检查和期末测评等多种形式来帮助学生提升学习体验。

在课程结束之时，学生需提交A3文件夹，其中包括：场地调研数据整理图（5张），概念萌发过程图（5张），最终设计方案（1张平面图、2张剖面图、2张透视图）。

1.3 教学目标

借鉴英国的设计教育理念，教师以课程目标为基础，将课程知识点进行严格筛选及整合，重视实践环节在设计教育中的积极作用，引导学生在实践中总结理论，探索设计灵感，激发创意思维，最终实现"以学生为本"的培养目标（见表1–5）。

通过本课程的学习，学生将获得以下4个方面的技能。

1. 数据收集及分析技能

基于对相关基础理论的有效研究，通过场地实践自主收集并分析相关数据，以实现一个全面的、有意义的场地信息总结成果。

2. 创造性思维技能

根据调研信息，运用创造性思维构建场地故事。以一种持久而多样的方式激发创意思维，并且能清晰而雄辩地表达出来。

3. 实践技术技能

探索和提高实践技术技能，有效地表述场地故事。具备规范的制图技能，以及富有想象力的视觉效果图制作能力。

4. 理解应用技能

作为学生阶段的设计师，应具备一定的理解能力，以及在学习和实践过程中自主解决问题的能力。

表1-5　教学目标

项目	课程构成框架	课程内容及要求	教学目标
项目一	认识景观	认识相关基础理论 了解景观设计流程 掌握场地调研方法	数据收集及分析技能 理解应用技能
项目二	探索场地——场地认知体验		
项目三	分析场地——场地认知思辨	分析及整理场地数据 图文结合构建场地故事	数据收集及分析技能 创造性思维技能 理解应用技能
项目四	解构场地——灵感生发	探索设计概念	数据收集及分析技能 创造性思维技能 实践技术技能
项目五	改造场地——设计方案产出与表达	讲解制图规范 分析相关案例 学生作品呈现	实践技术技能 理解应用技能

1.4　思政体系

习近平总书记在党的十九大报告中指出："绿水青山就是金山银山，建设生态文明、建设美丽中国是我们的一项战略任务，要给子孙后代留下天蓝、地绿、水净的美好家园。"本课程是环境设计专业的理论课程之一，其不仅侧重于讲授景观设计基本技能知识，还引导学生认识到人与自然和谐相处的重要性，以及个人身体健康与自然环境保护的紧密关系。

本课程基于英国环境设计专业模块化教育体系，以人的感受为导向的环境设计理论，从场地的分析入手，到如何激发灵感，再到灵感的展现，由浅入深地探索了发掘灵感、表达灵感和实现灵感的过程与方法，并且让学生养成对作品进行反思总结的习惯，培养学生的辩证思维能力，全方位提升其专业技能。

在新文科背景下，本课程围绕"立德树人"的根本任务，将思政教育与专业教育相结合，达到提升专业教育内涵、优化专业教育质量的目的[①]。本书基于其本身的课程内容框架体系，通过分析挖掘思政切入点，以创新整合体系结构的方式融入思政教育相关内容。在基础理论教学中，通过思想和精神引领将教育教学的层次上升到家国情怀和文化自信的高度，培养学生在专业学习过程中所具备的艺术价值观和传统文化价值观，同时通过对不同国家专业发展背景的了解，形成国际化认知视野。在场地考察实践过程中，基于对关键知识点的学习，教师引导学生了解人与自然和谐相处的重要

---

① 白芳. 基于"环境设计原理"教学的课程思政实践路径研究 [J]. 继续教育研究 .2022（2）：96–100.

性，并进一步从思想层面让学生意识到场地评价对于环境保护及文化传承的重要作用。在设计思维与表达过程中，基于理论知识对学生思维能力的高层次要求，在具体的课程教学中需引导学生在保持设计思维的基础上严格遵循设计规范，从而体现出专业设计者认真严谨的工作态度及专业精神。

本教材结合社会主义核心价值观设计课程思政主题，在教学内容中寻找新的角度及切入点，融合不同的学科思想，通过设计案例、知识点等教学素材的运用，帮助学生实现思想道德认知水平及专业实践能力的共同提升。带领学生探索人与环境的奥秘，领略我国的绿水青山，成为一名生态环境的守护人。

在课程思政教学过程中，教师可结合表1-6中的内容导引，针对相关的知识点或案例，引导学生进行思考或展开讨论。

表1-6　课程思政体系

项目	教学内容	展开研讨	总结分析	思政落脚点
项目一	认识景观	学习景观设计相关基础理论，了解景观设计的国内外发展趋势	培养学生在专业学习过程中所具备的艺术价值和传统文化价值，同时通过对不同国家专业发展背景的了解形成国际化认知视野	自主学习、研究分析洋为中用、国际视野文化保护、爱国情怀
项目二	探索场地——场地认知体验	如何运用感性与理性的方法对场地进行考察	引导学生了解人与自然和谐相处的重要性，并进一步从思想层面让学生意识到场地评价对于环境保护及文化传承的重要作用	环境保护、和谐共生大国风范、适应发展求真务实、专业能力
项目三	分析场地——场地认知思辨	如何发掘场地背后的文化故事	引导学生探索场地的文脉故事，增强学生的文化传承和保护意识	文化传承、爱国情怀社会责任、专业能力辩证分析、逻辑思维
项目四	解构场地——灵感生发	如何从自然元素、历史文脉及场地现状中探索设计灵感	从艺术和设计的角度出发，引导学生了解人与自然和谐相处的重要性，树立创新意识	辩证分析、创新思维文化自信、时代精神创新意识、社会责任
项目五	改造场地——设计方案产出与表达	学习制图规范及相关设计表现手法，并运用合适的手法表达场地设计故事	引导学生在保持设计工作思维的基础上严格遵循设计规范，从而体现出专业设计者认真严谨的工作态度及专业精神	工作严谨、态度认真个人成长、努力学习实战能力、终身学习

第 2 章

场地调研与灵感生发

　　场地调研是一种通过实地考察、观察和数据采集来理解特定空间环境及其使用模式的研究方法。党的二十大报告提出："坚持以人民为中心的发展思想。维护人民根本利益，增进民生福祉，不断实现发展为了人民、发展依靠人民、发展成果由人民共享，让现代化建设成果更多更公平惠及全体人民。"它不仅包括对物理空间的测量和记录，还涉及对人类活动、文化符号、社会互动等无形因素的分析。在此过程中，调研提供了具体的背景和材料，使设计者能够从场地的独特条件、使用者的需求和文化背景中获得启发，促进灵感生发的自然形成。这种灵感不仅驱动设计和研究的创新，也帮助发现潜在的挑战与机遇。场地调研与灵感生发相辅相成，共同推动研究者在复杂的现实环境中生成新思路，最终形成更具深度和针对性的设计或理论方案。

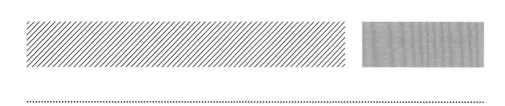

2.1 项目一：认识景观

　　作为课程的第一任务，学生将通过系统性讲座全面认识什么是景观、现代景观的发展趋势及设计流程，旨在使学生对景观调研与设计有一个初步的认识，为课程后续内容的学习打下基础。该章节将以教师讲授为核心，学生自主研究和分析为辅助。

　　学习目标及要求：理解景观设计的基本概念及相关内容，能够从生活场景出发认识景观设计的分类及特征；了解国内外景观设计的思想理念、布局形式、设计风格及发展趋势等，拓宽国际化视野，明确景观设计的目的和意义；掌握景观设计的设计流程和方法，能够结合景观设计经典案例进行分析与解读，培养设计思维能力，提升自主学习能力和研究分析的技能。

1. 景观与景观设计

（1）园林景观

景观一词来自荷兰语当中的 Lantscap，于 16 世纪末进入英语语言中，最初表示一幅自然风景画。Land 直译为大地，指在大自然中客观存在的实体，其主要由水、植被、土壤、沙砾等几种元素组成。Scape 更偏向于表达对场地空间的主观情感，比如对场地的感受，或者讲述场地过去和现在的故事。Land 和 Scape 的结合表明一片地区、一个空间的客观表现和人们对该空间的主观感受。在中国，景观是 landscape 最恰当的翻译，"景"是指风景，"观"是指观看，即视图。因此，景观的本质是客观存在和人为干预的双重结果，它的和谐取决于自然和文化的平衡，缺失任何一方，景观都无法存在。

景观作为人类生活环境的重要组成部分，在很大程度上承载着人们对于优质生活空间的向往与追求。按照自然状况的差异，可以将景观划分为两个类型：一类为原始状态下的自然景观，另一类为与人类活动相关的人文景观。中国山川秀美、地大物博、风光旖旎，人们理想中的栖息地自然是这些"锦绣河山"。景观是自然启迪与人类智慧协同作用下的复杂成果。园林景观最早追溯至古埃及，古埃及雨水稀少、气候炎热，没有大片的森林和山川，人们理想中的栖息地自然是适合发展农业的肥沃土地，围墙、水池和农作物成为古埃及园林景观的 3 个重要组成元素（见图 2-1）。这也造就了欧洲的园林景观是起源于人类改造过的自然——几何式自然，所以西方的园林景观是基于几何式的道路逐步发展的。

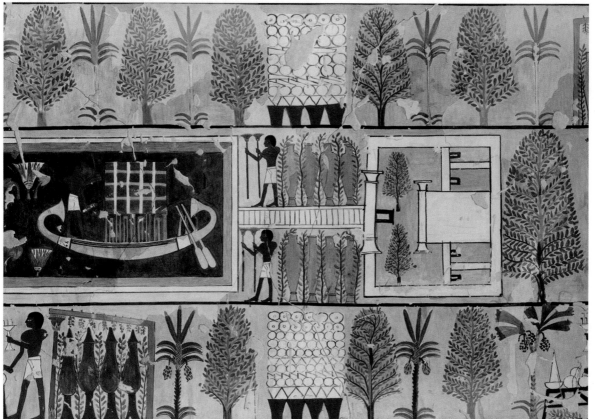

图2-1 古埃及园林景观

法国地理学家保罗·克拉瓦尔基于历史变迁的顺序将景观概括为超常性、审美性、科学性和心理性4个特性。景观在早期大多被赋予了宗教色彩，大量的神话故事和精神意义被融入设计元素之中，这种带有精神意义和故事的土地也可以给居住的人以方向。在希伯来语《圣经》旧约全书，"景观"一词被用来描述耶路撒冷城美丽的全景，包括所罗门王国教堂、城堡和宫殿，这也是最早的文献记载。中世纪欧洲人对于宗教的信仰及天堂精神的向往，使得人们一味地追求教堂的高度，于是产生了尖拱券和骨架券。在中国古代的祭祀建筑遗址中也到处可见对太阳、月亮、星星、土地的自然崇拜及"天人合一"的思想。统治者在实现国家的统一和社会的稳定以后，逐步将景观作为彰显权利地位及休憩欣赏的空间，更多的职业造园师专注于景观的规划和细部的设计。所以在文化史上，更多的是基于美学的景观评价。当人们进入景观空间时，景观的颜色、形状和视角等元素的差异会给人带来不同的感受。安德烈·勒诺特在花园中轴中采用的三段式处理，并运用透视错觉处理手法和植物设计手法（见图2-2），最终使园林呈现出多重灭点的奇特园林效果及视觉感受（见图2-3）。克洛德·莫莱的《刺绣花坛》应用不同形状与色彩的观赏植物组成华丽精致的图案纹样（见图2-4）。

图2-2　植物设计手法/安德烈·勒诺特

图2-3　三段式多重灭点设计手法/安德烈·勒诺特

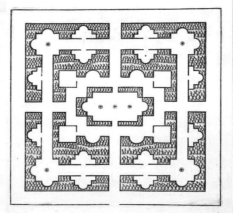

图2-4 《刺绣花坛》文案 / 克洛德·莫莱

伴随着对景观的欣赏，人们开始透过现象来研究事物的本质。景观生态学及形态学的形成帮助人们更系统、更科学地认识自然系统及景观构成元素，如气候、土壤学、植物学和基岩地质学等。伊恩·麦克哈格的"千层饼"地图叠加法（见图2-5），揭示了景观元素间的相互作用，从而加强了人们对景观中生态系统的认识。景观也被视为促进经济效益、可持续土地利用和灾害预防的一项重要策略。当今，景观的营造手法可解读为对符合人的心理需求的体现，空间可以给参与者带来幸福感、安全感和身份认同感。同时，景观自身由于地域的差异，承载着其独特的信息和文化价值，人们与景观共同营造历史的记忆。景观可以被感知、被触摸，是功能的也是审美的，是理性逻辑也是感性浪漫，是物质的也是精神的，是瞬间的也是永恒的。综上所述，景观是人类活动的足迹，也是一个复杂的自然过程，它是一定区域所呈现的反映土地及土地上的空间和物质所构成的综合体景象。

斯坦利·怀特曾说过，景观的特征应该被加强而不是被削弱，最终的和谐应该存在于一个综合体之上。景观世界的探索标志着人类对于栖息地环境不断改善的追求。在基本认知和了解景观的前提下，根据景观特点和差异选择合适的设计方法和工具干预客观对象，有助于保留当地景观的多样性，从而因地制宜地实现景观的平衡更迭。

（2）景观设计

景观设计在经历了古典主义的唯美论、工业时代的人本论，在后工业时代迎来了

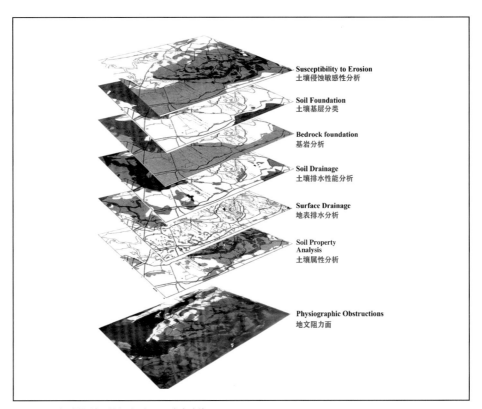

图 2-5 "千层饼"地图叠加法 / 伊恩·麦克哈格

多元化理论。古埃及的规则式园林以其对称的布局、规整的水渠与种植形式展现出独特的秩序感，古希腊的柱廊式园林则凭借柱廊与庭院的巧妙结合，营造出富有韵律与文化内涵的空间，二者皆为欧洲园林风格的早期雏形贡献了重要元素。伴随着宗教、殖民主义和文化运动的兴起，园林的样式更加多样化，且具有趣味性。19 世纪末 20 世纪初是现代景观设计理论与方法的形成及探索阶段，欧洲早期现代艺术和新艺术运动促成了景观审美和景观形态的空前变革，而美国的城市公园运动则开始了现代景观的科学之路。弗雷德里克·奥姆斯特德与查尔斯·艾略特合作设计的波士顿大都市公园系统（见图 2-6）避免了规整式设计，提倡大型城市开放空间系统和景观的保护，发展都市绿地公园系统，以公园中现存的河流、泥滩和荒草地所限定的自然空间为定界依据，利用 200～1500 英尺宽的带状绿化将整个公园连成一体，在波士顿市中心形成了环境优美的公园体系。20 世纪的现代主义思潮和新艺术思潮交互冲击着景观设计，设计师们基于对人、环境和技术的理解，重新定义了空间形式的语言，具有代表性的现代主义、后现代主义、城市化、生态主义、大地艺术等多元化的艺术思潮，是景观设计丰富的创作源泉。

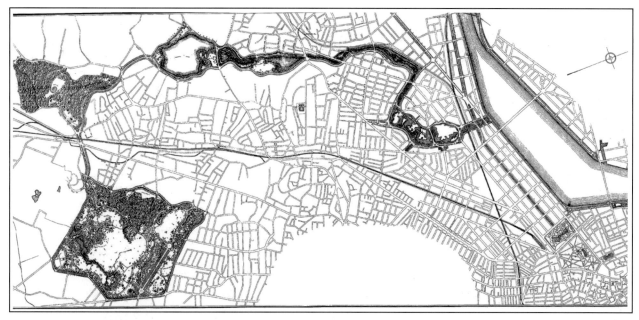

图 2-6　波士顿大都市公园系统 / 弗雷德里克·奥姆斯特德、查尔斯·艾略特

景观设计主要针对外部空间环境的规划与设计，涉及建筑学、城市规划、植物学和生态学等学科，集科技、人文和艺术特征于一体。景观设计对于优化城市景观、调节生态系统、保护历史遗迹和地方文化，以及改善人居环境质量等方面有着重要的作用。

2. 现代景观设计的发展趋势

（1）景观都市化

现代景观始终围绕着城市问题展开讨论，景观设计的先驱们不断扩展研究视野，使景观设计从单一的生活环境美化上升到了城市发展层面。20 世纪初，全球人口超百万的城市只有 16 个，而到 20 世纪末，人口超百万的城市超过 500 个，甚至有一些城市的人口规模超过千万并仍然在扩张。由于人口的增长、城市化进程的加快，人们生活的城市变得越来越复杂。如果继续将自然与文化、城市与景观相对立，那将会对未来城市的构成产生极其重要的影响。景观都市化就是将城市理解为一个生态体系，通过景观基础设施的建设和完善，将基础设施的功能与城市的文化需要结合起来，使当今城市得以建造和延展。最具有典型意义的例子莫过于美国纽约中央公园（见图 2-7），它的建造使曼哈顿冷冰冰的城市肌理变得柔和，同时也推动了公园周边房地产的开发。景观作为城市基础设施网格中最重要的组成部分，在城市发展过程中发挥着重要的作用，成为城市和自然融合的纽带。

图 2-7　美国纽约中央公园 / 奥姆斯特德

（2）景观人性化

古典主义景观设计以人的意志为中心，东西方景观造园均有鲜明的人本主义色彩，现代景观设计强调营造人和景观和谐的场所。拉特利斯的《大众行为与公园设计》、高桥鹰志的《环境行为与公园设计》等专著针对环境中人的行为与心理展开系统的调查研究，例如，为人们户外活动提供适宜的空间，在处理好流线与交通的关系的基础上，考虑人们交往与使用中的心理与行为需求。设计师应坚持"以人为本"，在设计中全面考虑人的生活习惯、性格、宗教、习俗和人体尺寸等因素。同济大学建筑与城市规划学院副教授刘悦来作为国内首批社区规划师，近年来在上海以社区花园为实验基地推动参与式社区景观规划建设。目前已在上海 12 个区营造了 200 处公共社区花园（见图 2-8），支持了超过 900 个居民自治的迷你社区花园，开办了近 1300 场社区花园营造工作坊。2014 年 10 月，团队建立了第一个正式意义上的上海社区花

图 2-8 上海社区花园 / 刘悦来

园－火车菜园，在整个项目的进程中邀请社区志愿者团队（花友会、绿植队）参与到项目设计方案交流及后期建设中，社区居民可以自发认领一块菜地，参与种植等相关培训，成为一名都市农夫，享受每日的园艺时光。

（3）景观生态化

19 世纪末 20 世纪初，大量的工业活动对环境造成了污染，兴起了查尔斯·罗宾森所提出的城市美化运动。该运动强调通过规划和设计来改善城市的外观和功能，旨在创造更为美观、有序和宜居的城市环境。这一运动的影响深远，对后来的城市规划和发展产生了重要的影响。1969 年，宾夕法尼亚大学景观规划设计和区域规划系教授伊恩·麦克哈格在其经典名著《设计结合自然》（见图 2-9）中提出将整个景观作为生态系统，在这个系统中，地理学、地形学、地下水层、土地利用、气候、植物和野生动物都是关键要素。同时，他运用地图叠加技术（垂直方向）把各个要素分别进行分析与统计绘图，相互叠加后作为整个景观规划设计的依据。麦克哈格的理论是将景观规划设计提高到一个科学的高度，他提出的"千层饼"叠图模式体现了学术原则特点。生态学理念影响着景观设计的发展，景观生态学强调在改造客观世界的同时，应遵循自然生态系统，并采用多学科的合作与协调进一步改善和优化人与自然的关系，最终实现设计的整体优化。

图 2-9 《设计结合自然》/伊恩・麦克哈格

（4）景观艺术化

景观是空间艺术，也是设计思想的物质载体，设计师通过"形式"来表现其千变万化的构思与意图。部分先锋景观设计师为了追求一些特殊的表现方式，通过景观的构成形式、要素及与环境间的冲突，寻找新原理、新材料和新功能，从而产生一种突破常规的艺术效果及景观体验。20 世纪 70 年代以后，观念和哲学的成分逐渐在艺术家中盛行，直接导致了大地艺术、极简主义、行为艺术和装置艺术等不同流派的产生。

绘画形式在现代主义时期发生了很大的改变，从文艺复兴时期的写实到现代主义的抽象表现，雕塑家的作品也随之发生了改变。雕塑的尺寸为了能使建筑和自然相融合，不可避免地扩大，直至达到人能进入的尺寸，成为能用身体体验空间的室外构筑物，而不仅仅是单纯用来欣赏的艺术品。20 世纪 60 年代的西方艺术设计界，景观设计中雕塑与其他艺术形式之间的差异已经模糊，建筑师、景观设计师们逐步认识到大尺寸的雕塑可以起到点缀和装饰城市空间的作用。

当代景观设计师们从各个流派思维中汲取创作灵感，采用适宜的表现手法，利用场地固有的特征营造个性化、艺术化的景观空间。野口勇是较早尝试将雕塑与环境设计相结合的艺术家。野口勇于1964年为查尔斯曼哈顿银行设计了一个圆形下沉式庭院（见图2-10），园林面积很小，运用花岗岩等材料铺成环状和波浪形花纹曲线，模仿日本寺庙园林的枯山水。

（5）场地复兴与再生

任何人工营造的设施及构筑物均有其使用寿命，在正常使用周期内也会因为种种客观原因转变其空间使用方式。因此，大量超过使用周期或改变使用功能的建筑空间，均面临再设计及如何处置的问题。

图2-10 查尔斯曼哈顿银行的圆形下沉式庭院/野口勇

20世纪初，随着科技和产业模式的发展，很多标志性的大型工厂迁往郊区或永久停产关闭，然而，人们对于工业世界的怀旧之情在日益增长，被称为"烟囱怀旧"。设计师们尝试将这种不必再继续参与生产的设施、空间整合到公园的场景之中，并尝试着在更新过程中运用不同的设计表现手法保留场地的原真性，让参与者切身感受到工业时代的场景。南京汤山矿坑公园的景观设计，基于场地的地形地貌，对因采石而形成的断崖峭壁和受工业污染的劣质水体进行了生态恢复和重建，不仅保护了遗落的群落片段（见图2-11），还在已经被破坏的自然碎片基础上形成了丰富的体验场所。其中包括4个不同景观功能的宕口（温泉酒店、攒子瀑、天空走廊、伴山营地），阡陌花洞、矿野拾趣与三叠湖，以及旅游服务配套设施等，让公园在充分传承历史的同时，也能够平衡当代使用人群的需求。场地的复兴与再生作为地域文化的组成部分，依然被视为文化传播的方式及城市未来和历史的纽带。设计师尊重场地现状，挖掘场地历史，融入当代使用者的需求，提出多样化的改造方案，最终实现了当代使用人群与遗址空间的进一步融合。

图2-11 南京汤山矿坑公园/张唐设计公司

图 2-11　南京汤山矿坑公园（续）/ 张唐设计公司

（6）可持续性景观

　　景观的可持续发展是为了实现自然资源及其开发利用程度之间的一种平衡，从而加强环境系统自我更新及修复的能力，最终实现自然和人类真正意义上的和谐发展。景观的可持续发展主要表现在土地使用的高效性、景观材料的环保性、植物配置的生态性和水资源的保护与利用。2000 年，由北京市规划委组织开展"北京国际展览体育中心规划设计方案征集"，拟定形成北京奥林匹克森林公园（见图 2-12）综合方案，为后期奥运申报与举办奠定基础。该方案借鉴了北京中轴线的设计理念，轴线北端融入山水自然，水系贯穿整个公园，使城市轴线与自然山林完美地融合在一起，体现了中国古代"天人合一"的思想，以及对大自然的尊重。公园内的水系是流动的，经过一系列生态手法实现水质的净化，并重新投入园内植物的灌溉。园内的生态廊道是我国第一座城市内跨高速公路的人工模拟自然通道，桥上种植了本土乔木、灌木、草本、地被植物 60 余种，成为野生动物和昆虫穿行南北两个园区的唯一通道，有效地保障了公园内生物物种的传播与迁徙。该项目通过节能、节水、推广种植各类本土植物等低成本、低维护的手段，实现场地的可持续发展。

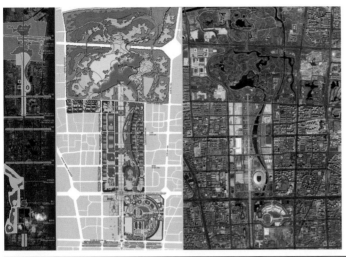

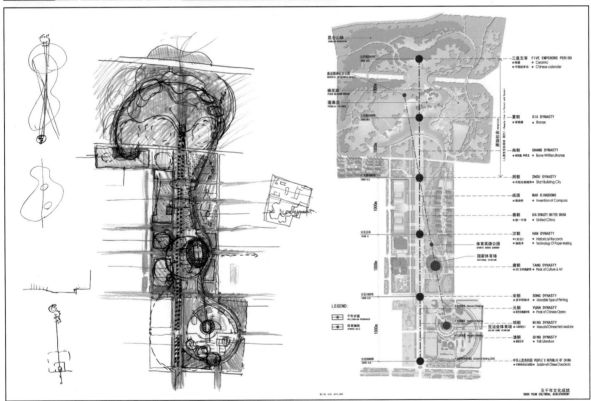

图 2-12　北京奥林匹克森林公园 / 胡洁

　　可持续性景观设计旨在减少人类活动对自然生态系统的负面影响，通过尊重自然规律、优化景观结构，维持生态系统的平衡和多样性，确保自然资源得以延续。党的二十大报告提出："必须牢固树立和践行绿水青山就是金山银山的理念，站在人与自然和谐共生的高度谋划发展。"可持续性景观设计正是基于这一理念，通过在自然生态系统承受力范围内，运用生态学原理的系统化景观设计方法，其主要设计原则为：营造景观环境中的生态条件，优化景观结构，充分利用环境资源潜力，实现景观环境保护、自然与人文生态的和谐与持续发展。

基于景观的空间、功能、性质和用途，我们可将景观设计初步划分为以下几个类别：城市景观设计（城市广场、商业街、办公环境等），居住区景观设计，城市公园规划与设计，滨水绿地规划与设计，旅游度假区与风景区规划与设计。

3. 景观设计流程与思维

设计是解决问题的活动。设计问题相较于明确的科学问题，具有模糊性的特征。对于任何类型的设计，设计任务书也仅仅只能提供与命题相关的设计方向，而最终所达成的设计成果仍然是模糊不清的。设计问题的模糊性特征要求设计师在解决问题之前，对问题本身进行重新定义。一个成功的景观设计师，需具备综合性的思考方式及全局的设计把控能力。

（1）景观设计流程

景观设计项目从概念到落地实施，需要经过以下几个阶段：接受项目任务书、研究与分析、设计、施工图纸制作、项目实施、施工后期评估/分析、维护与发展（见图 2-13）。现代景观设计强调以科学的场所分析与评价为前提，以理性思维为基础，突出设计过程的逻辑性和整体性，将科学价值与艺术价值进行有机的结合。成玉宁教授在《现代景观设计理论与方法》一书中将景观设计思维体系比喻成一棵大树，将理性思维视作树干，感性思维视为枝叶，树干和枝叶相辅相成、相互依赖，片面地强调

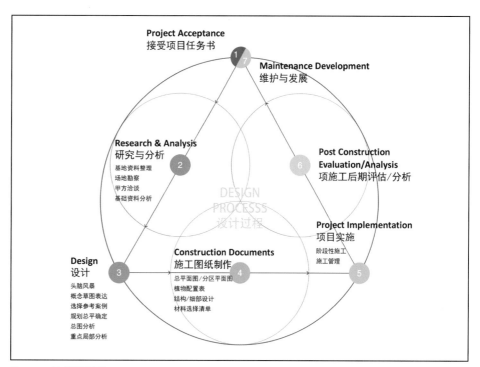

图 2-13 景观设计流程

两者中的某个方面都不利于景观设计的可持续发展（见图2-14）。由于景观环境的复杂性，因此景观设计需要整合生态、功能、空间、文化和艺术等方面的要求，而不是仅仅满足某一方面的要求。

（2）图解思维

设计的目的是解决问题，而发现问题又是解决问题的前提。客观、全面地分析景观环境中的功能、空间和自然条件，其中包括人的行为、文化和生态等问题，生成解决问题的基本思路及设计思维。在思维过程中大致可分为以下几个阶段：环境分析→科学判断→权衡取舍→整合决策→艺术表现。在设计方案生成的过程中，设计师采用速写或草图等图形方式帮助其快速思考，我们称这种方式为"图解思维"（见图2-15）。设计方案需要在不断修改和检验的过程中得以形成、表达、推演、发展及完善。

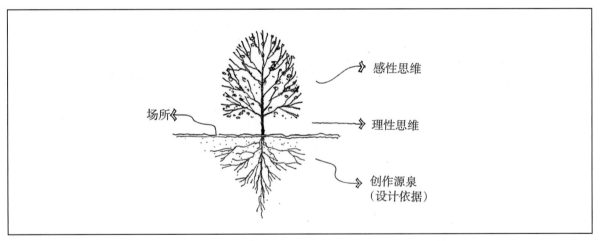

图 2-14　设计之"树" / 成玉宁

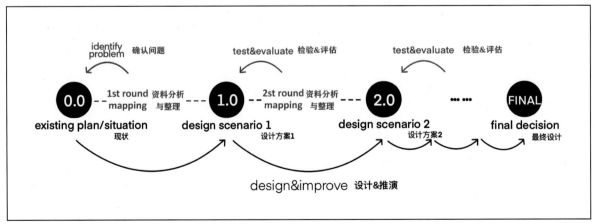

图 2-15　图解思维

2.2 项目二：探索场地——场地认知体验

景观设计遵循感性与理性相互交织的思维方式，该项目引导学生通过空间记录、五感体验、周边环境调研和空间尺度探索等行走感知及理性思考的调研方式，进而引导学生形成综合设计概念，最终实现由概念向三维空间的转译。

学习目标及要求：基于对相关基础理论的有效研究，通过场地实践，自主收集并分析相关数据，以收获一个全面的、有意义的场地信息梳理成果。了解场地基本信息，掌握场地调研方法与流程，探索场地文脉与背后的故事，激发创作灵感。

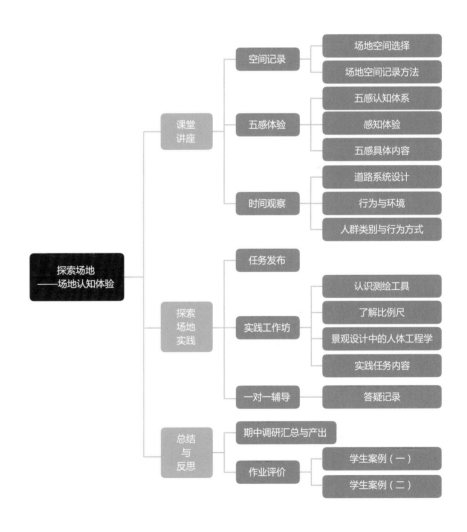

2.2.1　课堂讲座

1. 空间记录

空间记录要求学生在场地中行走和观察，并运用不同的方式记录场地中给人留下深刻印象的场景，并"自由"地去了解场地故事，有些可能是场地当中独有的历史痕迹，有些可能是重要事件的发生。学生在行走和观察的过程中，让自身与空间环境建立起更紧密的联系，从而更深入地理解场地空间。

（1）场地空间选择

每一处景观都有其独特性和复杂性，为了帮助学生更深入地理解景观，我们尝试着观察和学习身边的景观。

本课程所涉及的场地需要与教学目标及内容紧密相连。在课题项目中所提及的场地调研、数据收集则要求我们选择一个安全的、距离较近的和范围较小的场地，便于师生多次观察和记录。除此之外，景观调研与设计属于环境设计专业学生入学的第一门课，场地的选择需尽量避免错综复杂的地质条件和周边环境。本次设计场地为武汉纺织大学南湖校区，位于民族大道，场地周边以高校、商圈为主，环境较为单一。确定了场地后，我们根据环境的特点和条件，如地形、植被、水质和使用人群等，依次挑选出 4 个具有代表性的小场地，分别是草地、湖边、广场、山坡。该场地的大致情况如图 2-16、图 2-17 所示。

草地场地位于校园南 2 门入口处，毗邻尚美楼，同时紧挨教职工宿舍区，地势平坦、植被单一、活动空间单一。

湖边场地位于校园主入口，涵素湖旁，场地内地势高差明显，由东向西呈下沉趋势，毗邻湖边的下沉空间较为消极，行为活动频率较低。湖内水质污染严重，水面浮游生物密集。

广场（经纬广场）场地位于校园的北部，学校景观主轴旁，地势平缓、人流量较少、活动空间单一。

山坡（服装楼山坡）场地位于校园西边，尚知楼旁，校园边界处，场地地势起伏、坡缓，植被丰富，场地周边有陶艺实验室、服装制作实验室。

学生在了解场地的位置后，需根据抽签获得各自的场地，接下来通过一系列的调研学习并提出该区域的改造方案。在调研和设计的过程中，由于场地之间存在差异，不同场地的学生需要相互学习、一起讨论。

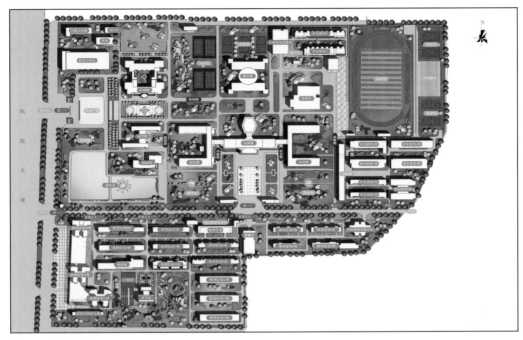

图 2-16　场地位置

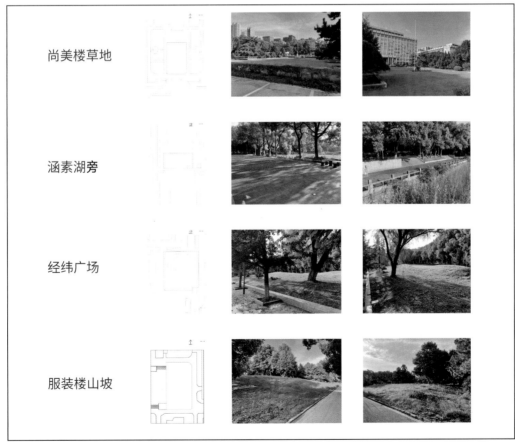

尚美楼草地

涵素湖旁

经纬广场

服装楼山坡

图 2-17　场地选择

（2）场地空间记录方法

记录才是记忆的永恒。照片、绘画、文字和视频是 4 种传统的记录方式，照片和视频帮助我们快速记录场景（见图 2-18）。绘画能让我们深刻地理解和观察场景中的元素（见图 2-19、图 2-20），文字帮助我们记录内心的感受。华黎的手工造纸博物馆项目位于大尺度地景中，场地数据缺乏，但其通过速写的方式加深了自己对场地的直观印象与感受，提炼了场地的信息，形成了对场地的某种情感和认知，并有利于进一步探索设计灵感（见图 2-21）。

图 2-18　场地的变化

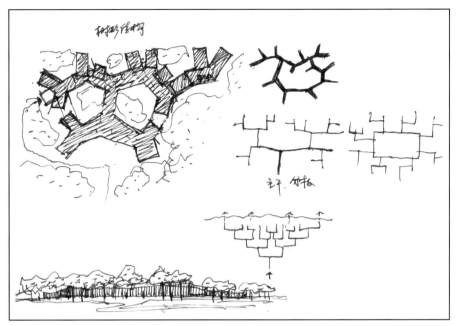

图 2-19　树林里的分形几何思考图 / 华黎

图 2-20　高黎贡村落 / 华黎

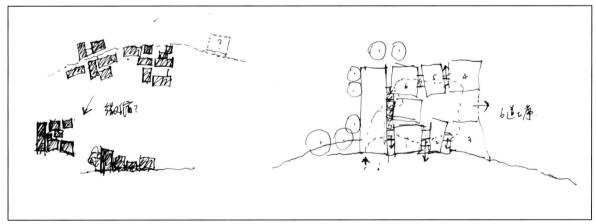

图 2-21　手工造纸博物馆 / 华黎

2. 五感体验

（1）五感认知体系

人的认知体系分为个体认知和社会认知。个体认知是指人对事物的直接感知，社会认知是指人对外在事物作出推测与判断的过程。五感体验法是人性化景观设计的理论依据之一，五感有3层含义：第一层指人的眼、鼻、耳、口、手5种感觉器官，第二层指人的视觉、嗅觉、听觉、味觉、触觉5种感觉功能，第三层指人的感知、感想、感触、感觉、感悟5种认知。体验意指通过亲身经历－实践来认识周围的事物。通过引导学生运用视觉、嗅觉、听觉、味觉和触觉5种感官体验方式，激发内心深处的美妙感觉，最终实现人与景观的良性互动（见图2-22）。

（2）感知体验

感知是人们对于客观事物的形式、材料、质地等各要素的体验与反映，以及对这些要素的构成关系造成的意味及符号含义的感受。景观设计师约翰·西蒙兹曾说过："人们规划的不是场所、不是空间、不是形体，而是一种体验。"人类对于外界世界的感知体验方式主要依靠人的感觉器官。感知体验是人们在参与空间过程中一种自发的本能，人在空间中不断地移动身体去感知周围的环境，去认知自身所处的场所。

人的感官具有不同的形态构成，执行着不同的职能。当人的感觉器官受到外界环境刺激时，能够迅速反应该事物的个别属性，通过感觉器官的协同作用，在大脑中合成事物的整体。

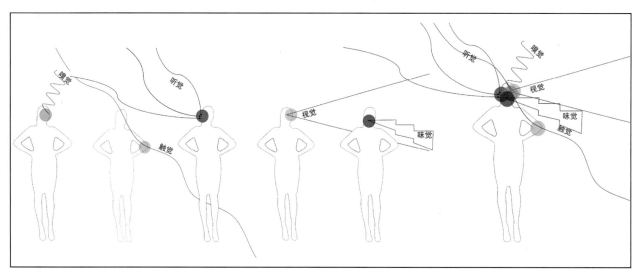

图2-22 五感体验分析图

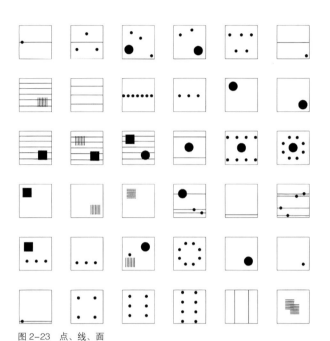

图 2-23　点、线、面

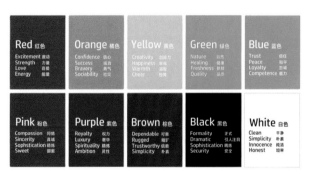

图 2-24　颜色与情感／费伯·伯伦

3. 五感具体内容

（1）视觉

视觉是人主要的信息获取途径，可以给人最直观的感受。视觉感官捕捉到的要素有点、线、面（见图 2-23）、色彩、光影和形体等。基于人们主观感受，色彩可分为暖色和冷色。红色、橙色、黄色及相近色等，这类暖色调可以刺激人的大脑皮层，使人兴奋，而蓝色、绿色、紫色及相近色给人带来的感觉恰恰相反（见图 2-24）。大自然中最常见的颜色是蓝色和绿色，它可以使人放松心情、消除压力。

事物的构造、样式、形状和材质的差异会给人带来不同的感受，如圆形会给人和谐、稳重之感，三角形让人觉得失衡；金属让人觉得冰冷，木头让人觉得温暖。在环境中，色彩能够使景观更好地向周围的人传达信息，引起人的心理反应与各种行为。暖色调的公共健身区能提高居民的参与度，冷色调的休息区有利于创造安静、清新的休息环境。

景观空间的视觉体验是通过视觉手段认知和体验风景过程，进而反馈到人类感知当中。体验风景过程的目的是引发人与景观的互动，从而激发人与景观的通感。视觉体验主要分为固定视觉与移动视觉。固定视觉主要是指研究时间变化的过程，比如，同一场地的四季变化。移动视觉由连续不断变化的视景构成，要求视景为恒定值，比如从充满各色涂鸦围墙的小巷进入白色的小巷。将两个空间的视景融合到一个空间中，并使其进行空间排序的转化，成为一个连续视景。英国感官艺术家、学者凯特·麦克莱恩曾组织了爱丁堡视觉漫步，探索了不同高点处的城市景象（见图 2-25）。

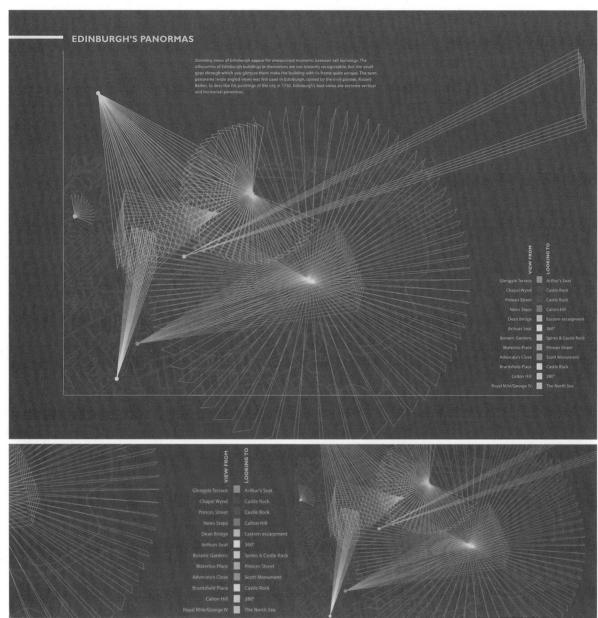

图 2-25　爱丁堡视觉漫步 / 凯特·麦克莱恩

（2）嗅觉

　　嗅觉感官在很大程度上影响了环境中使用人群的心理和行为。气味与人的情感和记忆密切相关，气味构成了我们对所在城市的想象和部分认知。实验人员曾使用扫描仪来检测和观察香气对血流变化的影响，当实验者闻到沁人心脾的花香或果香时，他的血管会得到最大限度的收缩与扩张，起到放松的效果。凯特·麦克莱恩曾组织了巴黎嗅觉之旅，并用"气味地图"将实验者的行走路径和所得到的结果可视化。受到麦克莱恩所做的气味地图的启发，清华大学建筑学院的博士生导师龙瀛曾指导 4 位研究生进行北京旧城区的气味景观研究，4 位研究生在街道中步行，识别不同气味并记录其位置，将气味类别、气味来源、气味强度、持续时长、闻味感受等以描述的方式记录下来，并最终将其绘制为气味地图（见图 2-26）。除此之外，借鉴德国学者罗萨诺·希法耐拉的方法，收集微博、大众点评等平台的数据并进行语义分析，将气味浓度图与情绪评分图进行叠加，了解气味与市民生活体验的关系。在景观环境设计中，引入合适的花木来营造不同类型的空间，比如，休憩空间应该种植一些可赏可闻的花木来延长人们停留的时间，同时丰富空间的使用形式。

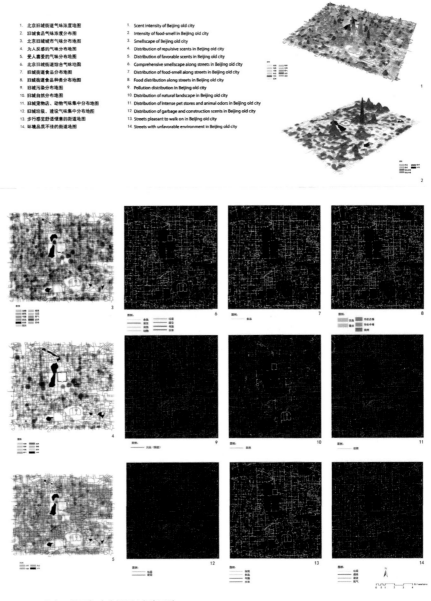

1. 北京旧城街道气味浓度地图
2. 旧城食品气味浓度分布图
3. 北京旧城城市气味分布地图
4. 为人反感的气味地图
5. 受人喜爱的气味分布地图
6. 北京旧城街道综合气味地图
7. 旧城街道食品分布地图
8. 旧城街道食品种类分布地图
9. 旧城污染分布地图
10. 旧城自然分布地图
11. 旧城宠物店、动物气味集中分布地图
12. 旧城垃圾、建设气味集中分布地图
13. 步行感觉舒适健康的街道地图
14. 环境品质不佳的街道地图

1. Scent intensity of Beijing old city
2. Intensity of food-smell in Beijing old city
3. Smellscape of Beijing old city
4. Distribution of repulsive scents in Beijing old city
5. Distribution of favorable scents in Beijing old city
6. Comprehensive smellscape along streets in Beijing old city
7. Distribution of food-smell along streets in Beijing old city
8. Food distribution along streets in Beijing old city
9. Pollution distribution in Beijing old city
10. Distribution of natural landscape in Beijing old city
11. Distribution of intense pet stores and animal odors in Beijing old city
12. Distribution of garbage and construction scents in Beijing old city
13. Streets pleasant to walk on in Beijing old city
14. Streets with unfavorable environment in Beijing old city

图 2-26　北京旧城区气味分析图 / 龙瀛团队

（3）听觉

哲学家黑格尔把声音视为感觉中最为理想的东西，认为听觉是最纯粹的。在人类的五感体验中，视觉是感知外在事物的主要渠道之一，然而听觉仅次于视觉，是信息接收的第二重要渠道。视觉是对于客观事物的认知，而听觉在某种意义上更能够唤起人类内心对于事物的情感。当城市的声音环境越来越多地被商业、交通等因人类活动所形成的嘈杂声所覆盖时，人们往往期待还耳朵一片自然的、舒适的听觉空间。

声景最早由芬兰地理学家格拉诺于1929年首次提出，其概念最初是用以描述"环境中的音乐"，也就是在实际环境中，那些带有文化性和审美性的声音。后被国际化组织定义为"强调个体或社会感知和理解的声环境"。20世纪60年代末至70年代初，知名音乐家默里·谢弗创立了声音生态学，并与其同事在温哥华开展了世界声景课题，探索人们如何感知环境以及协调整体声景（见图2-27），最终成立了全球声景研究学会。

英国皇家工程院院士、清华大学建筑学院教授康健通过借鉴声景漫步调查，对西藏拉萨老城的声环境进行实地测量，并从声音、空间和频谱三个方面对声环境和声景进行分析，旨在揭示拉萨老城声环境的变化规律，并由此提出历史地段声景保护的测量（见图2-28）。

声音是景观在听觉上的意境表达，以声音景观的方式去理解和打造城市景观，必须在维护自然声音系统的基础上，保留城市传统的听觉环境，改造及减弱影响人们正常生活的不利声源，最终引导城市内部群体实现情感共鸣和身份认同。

（4）触觉

黑川雅之在其著作《世纪设计提案——设计的未来考古学》中提出了"由视觉时代的20世纪转向触觉时代的21世纪"，并称之为"走向回归自然的时代"。触觉是一种皮肤被外界刺激的感觉，在触碰动作进行的过程中，人们会产生冷、热等一系列生理感知，当这一系列信号传递到大脑后所引起的心理感受往往比语言和情感的交流更强烈。

温哥华声景漫步

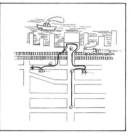

图2-27　声景漫步/西蒙菲莎大学

凯特·麦克莱恩在爱丁堡触觉漫步（见图 2-29）中探索新老城区不同物质结构所带来的情感属性差异。根据体验方式的不同，景观的触觉体验可划分为主动的触觉体验和被动的触觉体验。主动的触觉体验是指人们基于自主意愿对景观进行探索和体验，比如，足部和手部尝试体验不同的景观材质，身体与景观接触面积的差异所带来的触觉体验等。被动的触觉体验是人们受外部不可抗因素的影响对景观进行体验，比如，环境中的日照、湿度和温度影响着人们在景观中的舒适度，触觉中的温觉、凉觉受此类外部条件的影响。人们通过触觉，时刻与景观发生着互动，然而这种最基本的体验方式，也往往是最容易被忽视的。

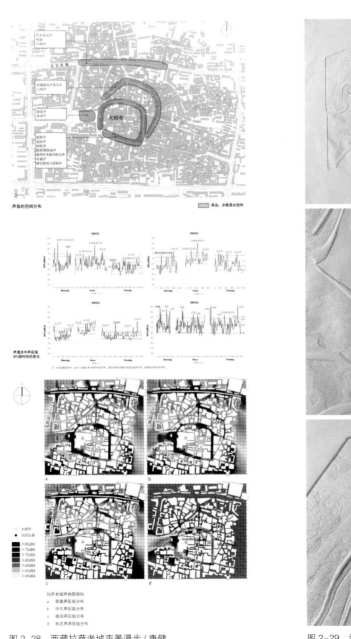

图 2-28　西藏拉萨老城声景漫步 / 康健

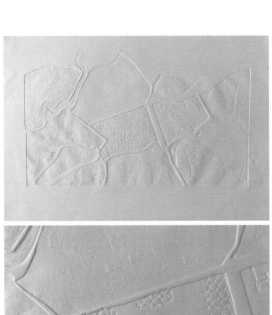

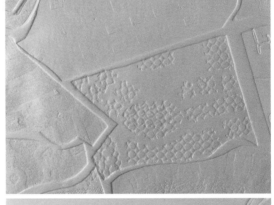

图 2-29　爱丁堡触觉漫步 / 凯特·麦克莱恩

（5）味觉

味觉是指物质刺激味蕾（味觉接收器）所产生的知觉信号，进而生成的化学感受，主要有酸、甜、苦、鲜、咸5种基本味感。从广义上，味觉可大致分为心理味觉、物理味觉和化学味觉。心理味觉由食物的外部形体、色彩及光泽等视觉元素决定；物理味觉则是由咀嚼感和口感等物理属性决定，比如，食物的软硬度、黏度和冷热等物理属性；而化学味觉主要取决于前文所提到的5种味感。2011年，爱丁堡味觉漫步项目揭示了苏格兰地区人们偏爱高热量食物、蔬菜水果摄入量严重不足等不良饮食习惯，并将数据信息进行了视觉化表达（见图2-30）。

苏格兰地区人们饮食结构图
——单日卡路里摄入总量统计

图 2-30　爱丁堡味觉漫步 / 凯特·麦克莱恩

人的五感之间是相互牵制和联系的，人的五种感知在环境中是同时进行的，任何一种感知的缺失，都会在很大程度上影响人们在空间环境中的体验。同时，在空间环境的体验中，设计师需要使用到视觉、嗅觉、听觉、触觉和味觉 5 种感知方式，才能更客观地对空间环境进行评价和体验。原研哉曾说："人不仅仅是一个感官主义的接收器官组合，同时也是一个敏感的记忆再生装置，能够根据记忆在脑海中再现各种形象。在人体中出现的各种形象，是同时由几种感觉刺激和人的再生记忆相互交织而成的一幅宏大图景，这正是设计师所在的领域。"作为景观设计师，我们应该思考如何在设计中更好地实现五感的感知度和实用性，满足使用者的各项生理和心理需求，并增加其对环境的可信赖度，最终实现人与空间环境的平衡。

4. 时间观察

　　时间观察要求学生运用相关记录方法或工具观察场地不同时间段的情况，并通过影像记录（见图 2-31）分析和绘制场地中的道路系统、人群行为、空间尺度的形成规律及形成原因，从而帮助观察者更深刻地了解场地。

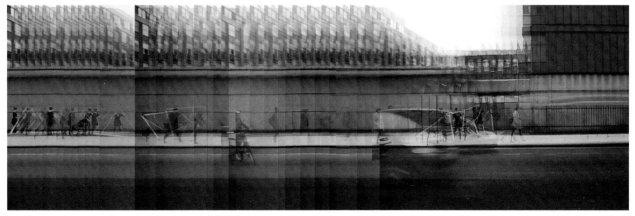

图 2-31　延迟摄影记录

景观设计与人们的生活密切相关，景观设计师通过景观空间及形式的营造来满足适用人群的要求和心理需求。景观设计师鲍尔·弗雷德伯格说，他在设计纽约城市公园时，曾大费苦心设计了一个老年人使用的场所，这个场所远离嘈杂的公共广场。但当设计正式投入使用后，他发现老年人特意避开了那个地方，反而回到了人群聚集的广场中。这种情况产生的原因是老年人害怕孤独寂寞，渴望与人进行沟通交流。因此，景观环境中对于人的行为研究应该更多侧重于了解他们的心理特征及行为规律。更具体地来看，人性化景观环境设计不仅仅是满足人的使用，更重要的是从人的尺度、情感、行为出发，充分考虑日照、通风等条件，尽可能给予使用人群生理及心理上的关怀，使他们可以享受更加丰富多彩的户外休闲空间。

（1）道路系统设计

道路系统是景观设计的骨架，是整个园林空间运转的大动脉，不同的园林形态及园林规模将采用不同的路网格局。在园林设计中融入人性化设计理念，不仅需要考虑道路的集散能力，还需注重审美需求。在前期进行道路规划的过程中，应充分对场地的人流量、人流类型、人流动线和人流集散区域进行考察和调研，并从全局角度出发，通过设计多动线，使人们快速到达园林各景观节点。在设计具体道路时，应注意道路宽度设计的合理性，避免道路过宽或过窄破坏整体景观的美观性与实用性，从而影响游人的心情。此外，在园林景观的设计阶段，还应注重道路设计的差异，针对不同的环境空间采用不同的材料和颜色。

① 总体设计

基于城市功能差异，在道路系统的总体设计中，我们将道路系统分为以下几个类别（见图2-32）。

图 2-32　道路系统的分类

交通性道路。交通性道路一般用于城市内部或城市区域间的交通位移，在设计过程中应该充分考虑驾驶员的视觉及心理感受。交通性道路由于车流量大、车速快，与行人过街需求产生矛盾，要充分调查周边行人的过街需求，合理布置人行天桥或地下通道。

生活性道路。生活性道路主要用来满足人们的日常出行，在设计的过程中应该权衡人车情况，限制车流速度，保证行人安全。

商业性道路。商业性道路两侧店面较多，在道路设计中应提供充分的步行道，避免机动车进入，且机动车与步行道之间应设置隔离带，从而确保步行道的安全性和舒适性。

景观性道路。景观性道路以人的休闲为主，在设计过程中应充分考虑人性化需求及地域化特色，从而增加城市道路绿地系统的艺术性和景观性，同时给人们提供良好的休闲空间。

② 慢行系统设计

慢行系统包括非机动车道和人行道，其本质是倡导绿色出行，既环保又有利于市民的健康，同时在一定程度上缓解公共交通的压力。荷兰阿姆斯特丹在历史传统、紧凑的城市格局、人性化的街道设计，以及无数的社会运动的推动下成为全球知名的"自行车王国"。如今，在阿姆斯特丹的市中心，68% 的出行仍然依靠自行车，在此过程中，设计师仍在探讨如何更好地实现交通转化及自行车所需空间的优化。在民间，阿姆斯特丹骑行组织 BYCS 提出 50 BY 30 的目标，希望到 2030 年世界上 50% 的城市出行将依靠自行车（见图 2-33）。丹麦的哥本哈根与美国的波特兰继阿姆斯特丹等自行车城市积极推广慢行系统后，也鼓励人们绿色出行（见图 2-34）。

③ 无障碍设计

无障碍设计是人性化设计中非常重要的一个部分，包括无障碍建筑空间设计和无障碍道路设计。无障碍设计方便了残疾人的通行，体现了社会对残疾人的关怀，生活中比较常见的无障碍设施有盲道、缘石坡道等。由北京市建筑设计研究院所著的《无障碍设计规范》，详细地介绍了城市道路、城市广场、城市绿地、居住区、居住建筑、公共建筑及历史文物保护等几大类别的无障碍设计规范和标准。设计师菲利普·默瑟提出的可通达性空间设计，使无障碍设施在真正意义上满足了残疾人的出行需求，在保证其合理性的同时，还强调其施工质量及后期维护（见图 2-35）。除此之外，如何将无障碍设施合理地融入城市空间中去，也是我们作为景观设计师接下来需要思考的问题。

图 2-33　自行车出行系统立体优化 / 阿姆斯特丹骑行组织 BYCS

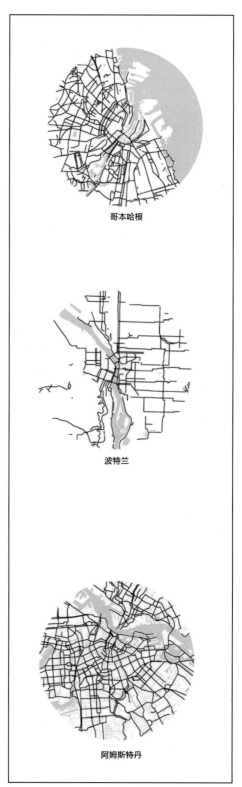

哥本哈根

波特兰

阿姆斯特丹

图 2-34　自行车城市

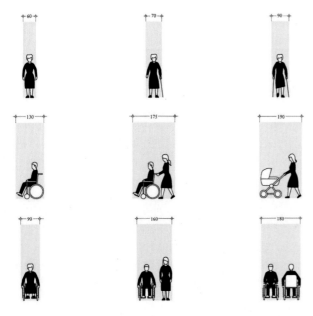

图 2-35　可通达性空间设计 / 菲利普·默瑟

（2）行为与环境

芦原义信在《外部空间设计》这本书中提到，空间基本上是由一个物体与感觉它的人之间产生的相互关系所形成的。在日常生活中，我们会经常无意识地创造空间，例如，在田野中铺一块毯子聊天，两个人同撑一把雨伞，户外演讲的人周围围观的群众（见图2-36）等。人和环境之间相互影响，人的任何行为或心理变化均取决于其内在需求和周边环境的变化。环境心理学认为，人在景观中的行为可归纳为生理需求、安全需求、交往需求和实现自我价值需求等，景观设计师旨在探索和研究不同人群对景观的心理需求。

图2-36　对于空间的解释 / 芦原义信

① 个人空间与领域性

个人空间在心理学中是指一个针对来自情绪和身体两方面潜在危险的缓冲区，起着自我保护的作用。同时，也可以称之为个人独处或聚集、交流沟通的场所，但由于个人性格、情绪的差异，人际交往的距离也存在极大的不同。个人空间所占据的领域大小根据不同接触对象和不同的场合，在距离上也各有差异。美国心理学家爱德华·霍尔以动物和人的行为为研究基础，提出了人际距离的概念，并基于人际关系的亲密程度及行为方式，具体将人际距离分为亲密距离、个人距离、社交距离和公共距离（见表2-1）。

表2-1　人际距离的分类

名称	范围 /cm	主要活动
亲密距离	0～45	安慰、保护、抚爱、耳语等
个人距离	46～120	在公共场合普遍使用的距离，个人距离可以使人们的交往保持在一个合理亲近的范围之内
社交距离	121～360	通常用于商业和社交接触
公共距离	360 以上	人们较少使用，通常出现在较正式的场合

个人空间也与民族、宗教、年龄有着非常密切的关系。有研究表明，年龄与人际距离的关系呈曲线变化：儿童、老人之间的距离感较小，中青年人之间的距离感则较大。在生活中，我们也发现，不少老年人和小朋友喜欢热闹和嘈杂的场合，以及团体形式的活动。在景观环境中，陌生人之间、团体之间会自发地保持距离，从而维持个人和团体的个体性及领域性。

人们既需要个人空间，也需要互相接触和交流的领域，在尺度相对较大的公共空间中，人们更喜欢在半公共、半个人的空间范围内交流，这样可以方便他们参与或观察人群活动。同时，人们在进入相对陌生的公共空间时，往往容易缺乏安全感和对周围环境的掌控力。而当他们处在场地的边缘或者靠近局部的倚靠物时，会更容易感觉到这处于自己能够把控的领域范围，进而获得一定的安全感。所以，场地中的一些实体构筑物及凹形空间是最受游客青睐的。例如，公园中最受欢迎的是被灌木环绕的集中性座位，而不是临街座椅。临街座椅容易使人们的个人活动暴露在空间中，使人们缺乏安全感和领域感（见图 2-37）。领域的划分不需要明显的隔断或边界，地面材料的差异、高差的变化、一个遮风挡雨的顶棚及几处围合的廊架，都能够帮助人们在心理上形成这种领域感（见图 2-38）。

② 人聚效应、趋光效应、坡地效应与边界效应

可以发现，当人们在公共场所面临紧急情况时，会下意识地跟从人数多的人群去向，根本无心注意标识及文字的指引。当我们到达一个新的城市寻找当地美食时，在没有做任何攻略的情况下，也会首选人多的餐馆。以上两个例子揭示了人的心理特征，人与人之间在外部空间有着潜在的相互"吸引力"，人们会在自觉与不自觉中表现出群聚倾向，表现为一种集体的无意识行为，即从众心理或人聚效应。人聚效应是景观环境中非常具有特色的心理学概念，例如，在公园跳广场舞的老年人，吸引了大量的人群驻足在此闲聊或观看。空间中的人群密度会直接影响到人的心理与行为，从人的满意度 s 与人群密度 d（d 表示单位面积空间内人的数量）的关系图中可见，当人群密度达到一定范围（d_1-d_2）时，人对于空间的满意度达到顶峰（见图 2-39）。空间人数过多，会让人感到心烦意乱、混乱；空间人数过少，会让人觉得空旷、孤独。

图 2-37　临街座椅

地面材料区分空间

高差区分空间

顶棚区分空间（1）

顶棚区分空间（2）

图2-38　领域的划分

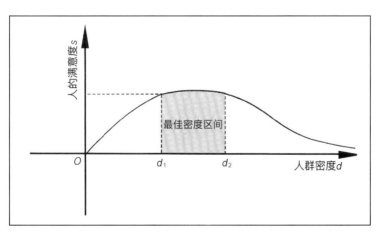

图2-39　人的满意度 s 与人群密度 d 的关系图

充足的光线能让人的心情开朗、舒畅，阳光也能带给人们健康。环境心理学中曾提及光照能够给人安全感，也便于人们开展交往与活动。在景观环境中，可以充分利用白天的自然光，减少阴影空间带来的抑郁感，晚上应利用人工光源延长空间的使用时长，保障人群的安全。同时应考虑夏季的日照情况，座椅与休憩场所应该保证有自然光照的情况下又有所遮挡。

缓坡与台阶在景观环境中是最聚集人气的地方，如果有良好的风景朝向，则会成为人们停留休憩的好去处。缓坡和台阶的空间形态符合人们休憩的特征，同时坡面的单向性也避免了人们之间对视的尴尬。因此，许多公共建筑前的台阶及公园内的草坡成为人们休息、聊天和观景的理想场所（见图2-40）。

我们从图2-41所示的某餐馆人群分布图中可以看到，进餐厅消费的顾客趋向于在餐馆的边缘就餐，这种现象被心理学家定义为边缘效应。同样，人们这种自发性的心理反应也存在于室外空间。空旷的场地会让人们觉得孤独、没有安全感，人们通常更愿意在空间中有所"依托"，因此更趋向于在场地边缘的座椅上停留，椅背后为灌木或者景墙。

（3）人群类别与行为方式

基于前期针对景观中人群年龄、性别、文化等差异进行的调研和分析，得出不同人群在景观环境中活动的基本规律和特点。根据年龄差异，我们把人群划分为三大类：老年人、中青年和儿童/青少年。接下来我们将详细地了解这几类人群活动的特点和设计需求。

图2-40 武汉洪山公园

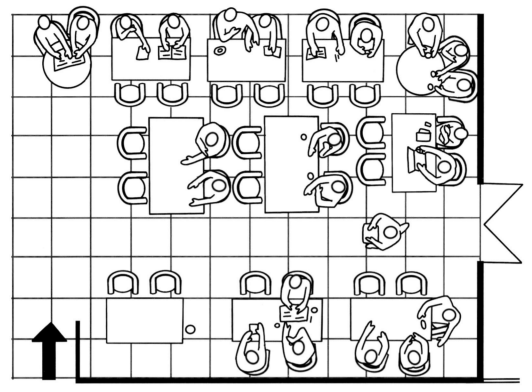

图 2-41　某餐馆人群分布图（依托的安全感所产生的边缘效应）

① 老年人群体

随着人口老龄化进程的加快，老年人在总人口的比例也在不断加大。户外活动可以有效地帮助老年人缓解孤独感和寂寞感，促进身心健康的发展。老年人的心理活动较为复杂，一方面追求安静的环境，远离喧闹的城市活动；另一方面又渴望与人交流来缓解自身的寂寞感。因此，我们在环境空间设计中需要提供较为丰富的活动。重庆龙湖颐年公寓康复花园项目主要围绕人口老龄化进程的加速发展以及老年人群体的健康状况等问题，利用调研与访谈结果，通过数据分析得出该公寓老年人的健康现状与空间需求。依据老年人的生理及心理需求，设计团队通过适老环境的空间布局与细节构筑了如家般温暖的照护空间，他们不仅可在此得到专业照料，还能和大家进行交流、锻炼身心（见图 2-42）。

老年人喜爱的活动主要分为动态活动与静态活动。动态活动是指老年人户外健身类活动，例如，广场舞、太极拳、扇子舞和甩陀螺等。此类活动要求空间大、开放性强。静态活动是指户外棋牌类活动，例如，下棋、打牌等，这类活动要求有大量的公共桌椅、廊架及亭子遮蔽。因此，针对老年人活动空间的设计，需要做到以下几点。

A. 景观的安全性。考虑到老年人的身体特征及活动特点，设计师应为老年人提供一个

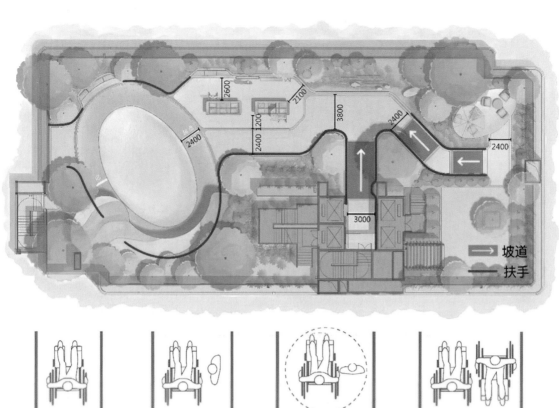

坡道

扶手

> 1000
保证一辆轮椅通过

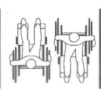

> 1200
保证一辆轮椅和
一人侧身通过

> 1500
保证一辆轮椅和一
人正面相对通行

> 1800
两辆轮椅正面相对通行

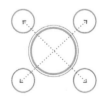

视线相对

视线互不干扰

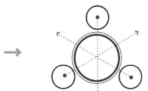

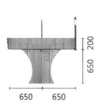

立面图

效果图

图 2-42　重庆龙湖颐年公寓康复花园（单位：mm）

相对舒适的活动空间。在道路设施的适老化设计中，我们要对区域内路网安全进行准确评估，明确老年人的户外活动路径。除此之外，重视老年人活动空间的无障碍设计及环境辨识度，从而确保活动通行的连贯性和安全性。

B. 景观的多样性。面对上文中我们提及的差异化老年活动，设计师需要基于老年人活动的特点进行合理的规划、布局和分区，突出场地空间的多元性。在具体设计中，还需要注意复合型活动空间的营造，具有复合型特征的活动场所能够营造积极的交往情境。同时，老年人活动场地也应避免其他活动的干扰，如交通。

C. 景观的康复性。基于人体的五感，利用植物丰富的季相变化来营造丰富的五感体验，可以有效刺激老年人的身体感官，改善身心状态，促进身体康复。同时，可以在空间中设置一些园艺活动，从而丰富老年人的业余活动，帮助他们自然而然地建立交往关系，获得愉快的交往体验。

② 中青年群体

中青年群体是景观环境中的重要使用者，他们对环境质量要求较高，更加追求场地的舒适性和个性化。在空间使用的过程中，由于性别的不同，其行为特征也会表现出很明显的差异。男性使用人群在空间中喜欢外向型活动，如运动、表演、社交，此类活动趋向于正在开发的空间或者空间的中心位置产生。女性使用人群在空间中喜欢内向型活动，此类活动多发生在较封闭的空间或场地空间的边缘。

③ 儿童 / 青少年群体

1989 年 11 月 20 日联合国发布的《儿童权利公约》提出，城市应适合所有人居住，尤其是代表人类未来的儿童。儿童权利应作为城市发展的核心要素考虑。1996 年，联合国儿童基金会提出《儿童友好城市倡议》，推进了国际儿童友好型城市建设。联合国儿童基金会于 2018 年 5 月发表 Shaping urbanization forchildren A handbook on child-responsive urban planning，中国城市规划学会于 2019 年 7 月翻译完成，译名《儿童友好型城市规划手册：为孩子营造美好城市》，并在中国城市规划学会网站公布 (见图 2-43)。城市环境是全球绝大多数儿童出生即面对的建成环境，而全球 3 亿贫民窟儿童、缺乏公共空间、非健康和非卫生环境、不均衡的设施等，都成为儿童作为弱势和脆弱群体所面对的威胁。本手册旨在以儿童为重点，在可持续发展进程中关注儿童在健康、安全、包容、绿色和繁荣的社区中成长，着眼于每个年龄段的儿童及其看护人的具体需求，找到针对婴儿、幼儿、青少年和午轻人都普遍适用的解决方案 (见图 2-44)。该手册旨在尊重儿童的权利和支持城市的可持续发展，提出十项儿童权利与城市规划原则 (见图 2-45)。儿童 / 青少年群体是景观环境中常见的适用人群，其行为方式和成年人存在很大的差异，在儿童空间的设计上应参考以下几个方面。

图 2-43　儿童友好型城市规划手册 / 联合国儿童基金会

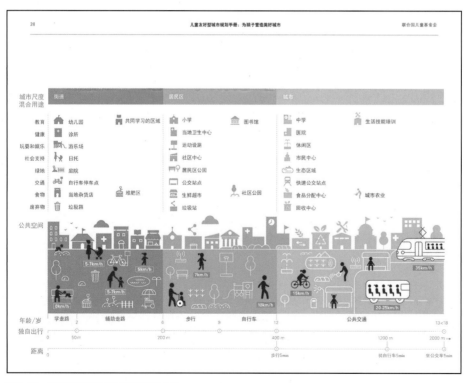

图 2-44　各年龄段需求 / 联合国儿童基金会

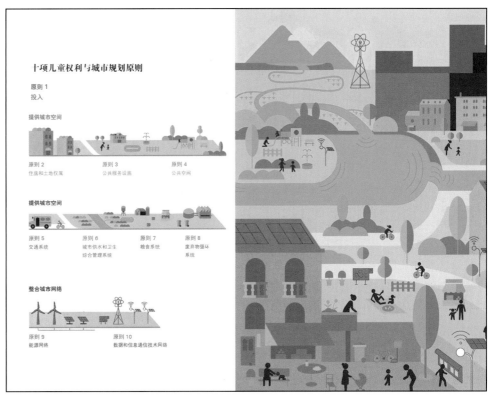

图 2-45 十项儿童权利与城市规划原则/联合国儿童基金会

A. 空间安全性。儿童/青少年景观空间的设计的选址应避免交通流线，且放置于场地中较为中心的区域，从而提高公众的可见度，促使"社会控制环境"的行为产生，从而确保使用人群的安全。

B. 空间多样性。儿童/青少年好奇心强，对环境的敏感程度高，因此我们在空间的平面布局上，要考虑年龄的区分、过渡和衔接，既要满足不同年龄段儿童的需求，又要考虑年龄段之间的衔接。平面布局流畅，空间独立、完整，又有一定的连贯性，空间体量、造型、色彩、构成均考虑儿童的心理需求，引导儿童在安全的前提下亲近自然，营造活泼、自然的活动空间。

C. 空间细节性。儿童/青少年景观空间的设计应从其视角出发，充分考虑其身心需求。娱乐设施不宜过高、过陡，以免儿童摔伤；设施材料应选择安全环保的软性材料，避免挤压、磕碰、撞头等危险发生。

像素乐园（见图2-46）是一个具备多元化与包容性的公共空间美化项目，该项目的灵感来源于像素的数字概念，基于儿童空间的设计原则及其他人群的需求，将不同的户外设施添加组合在一个整体空间中，如特色景观、儿童游乐设施、成人休闲设施等。这些像素的结合衍生出非常亮眼且有趣的通用多功能公共空间。

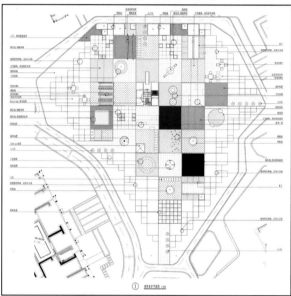

图2-46 像素乐园/某建筑公司

2.2.2 探索场地实践

1.任务发布

学生需使用手绘、照片、文字描述3种方式记录自己所选定的场地中有趣的场景。在空间视角的选择上，要求从场地里往外看和从场地外往里看各5个角度。在完成第一部分的场地记录后，学生需在小组内通过文字记录默写场景，并将手绘场景与实地照片进行比较，讨论3种记录方式之间的差异。

任务要求2人一组进行，一名学生在任意标记的5个起始点并依次运用五感体验场地，同伴在平面图上记录其5条行进路线。为进一步让学生理解对景观的感知是多层次、多维度的综合感官体验，我们在场地中任意挑选两个位置，学生在该位置同时使用五感体验场地，并运用空间观察中所学的方法记录感知内容。像声音、嗅觉这类主观及抽象的感知形式，学生可尝试使用不同的手绘肌理、线条或者图案来表达。

学生需要通过科学的方式来对场地产生的变化进行记录、汇总及分析。以小组为单位，观察的范围为场地及周边主要道路，主要观察任务如下。

① 选择特定的时间点和时间段（建议早、中、晚），用不同的符号代表不同性别和年龄段的人，并记录场地内人群的活动，持续一个星期。相关信息需要制作成表格，表格的顶部需要注明时间、日期、天气和姓名。

② 选择特殊的时间段，观察进入场地内的某一个人的活动动线并进行记录。

③ 记录1周内场地的阳光、阴影、气候、风向和植物各个方面的变化。

作品提交内容如下：将空间记录、五感体验和时间观察的所有结果整理成文字或图片并粘贴至A3纸上，学生需思考如何将观察内容进行视觉化表达（见图2-47）。

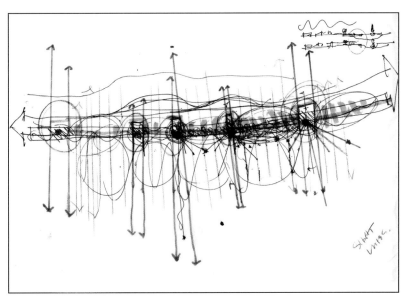

图2-47　感官体验记录 / 丹尼尔

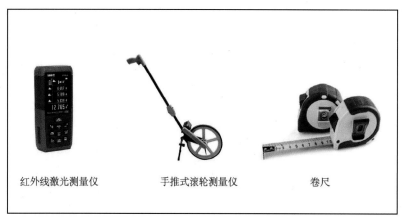

红外线激光测量仪　　　　手推式滚轮测量仪　　　　卷尺

图 2-48　测绘工具

2. 实践工作坊

场地测量是指学生对室外空间的现场测绘，将实测对象及数据加以分析整理后，再用平面图、立面图、剖面图的形式表达出来。

（1）认识测绘工具

在场地测绘中，设计师常用的测绘工具有红外线激光测量仪、手推式滚轮测量仪、卷尺（见图 2-48）。根据场地的大小和复杂程度，可以选择合适的测绘工具。

① 红外线激光测量仪。红外线激光测量仪的主要原理是，由测量仪发出红外线，红外线遇到反射物后被反射回来，测量出红外线从发出到被反射回来所经历的时间，再综合考虑红外线的传播速度，就能精准地计算出目标的距离。该测量仪一般用于远距离测量。

② 手推式滚轮测量仪。手推式滚轮测量仪由手柄和测距走轮组成，测量距离根据走轮转动的圈数自动生成。

③ 卷尺。卷尺是生活中比较常用的测量工具，外观轻巧、方便携带，适用于小范围场地测量。

（2）了解比例尺

比例尺是表示图上一条线段的长度与场地对应线段的实际长度之比。公式为：比例尺 = 图上距离：实际距离。比例尺有 3 种表示方法：数值比例尺、图示比例尺和文字比例尺（见图 2-49）。例如，1：100，即图上距离与实际距离的比值是 1：100。假如图上测量距离为 3cm，那么实际距离就是 300cm，即 3m。

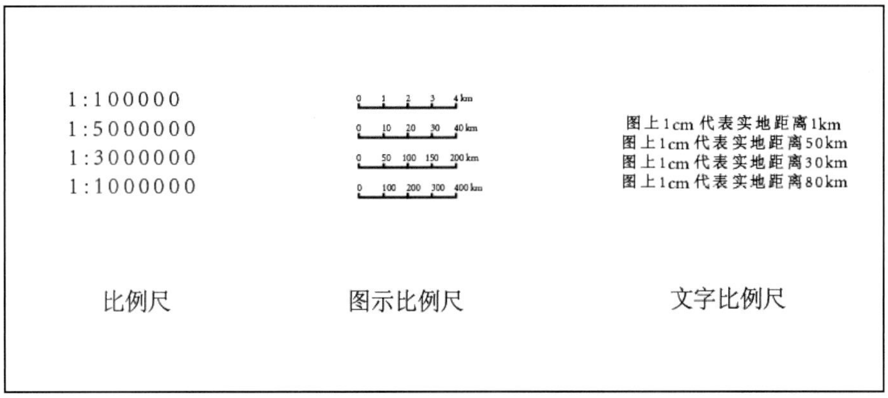

1:100000	0 1 2 3 4 km	图上1cm代表实地距离1km
1:5000000	0 10 20 30 40 km	图上1cm代表实地距离50km
1:3000000	0 50 100 150 200 km	图上1cm代表实地距离30km
1:1000000	0 100 200 300 400 km	图上1cm代表实地距离80km
比例尺	图示比例尺	文字比例尺

图 2-49　比例尺示意图

（3）景观设计中的人体工程学

在本测量任务中，通过传授系统科学的绘图方法和理论，帮助学生熟悉园林测绘的基本表现手法，引导学生通过实践的方式了解景观元素与尺寸，同时培养学生的空间想象力和观察能力（见图 2-50）。

① 绿篱。绿篱在园林绿地中常充当防范的边界，阻止人们任意通行；也可用其规划组织游人的游览路线，起导游作用。有时还可以用来做花坛、花境、草坪的镶边。依据绿篱的高度，可细分为绿墙、高绿篱、中绿篱和矮绿篱。

绿墙：一般在视高（1.6m）以上，阻挡人们视线不能透过，株距为 1～1.5m，行距为 1.5～2m。

高绿篱：高度在 1.2～1.6m，人们的视线可以通过，一般人不能跳跃而过。

中绿篱：高度在 0.5～1.2m，人们要比较费力才能跨跃而过。株距一般为 0.3～0.5m，行距为 0.4～0.6m。

矮绿篱：高度在 0.5m 以下，人们可以毫不费力地跨过。

② 栏杆。在园林建筑小品中，栏杆能丰富园林景致，起到分隔园林空间、组织疏导人流及划分活动范围的作用。一般来说，高栏杆在 1.5m 以上，中栏杆为 0.8～1.2m，低栏杆（示意性护栏）为 0.4m 以下。

③ 园椅、园凳。园椅及园凳的高度宜在 0.3m 左右，不宜太高，否则无安全感。其数量按游人容量的 20%～30% 设置。

双人园椅长 1.3～1.5m，4 人园椅长 2.0～2.5m，宽度均为 0.6～0.8m。双人园凳长 1.3～1.5m，4 人园凳长 2.0～2.5m，宽度均为 0.3～0.6m。圆凳的直径一般为 0.4m 和 0.7m。

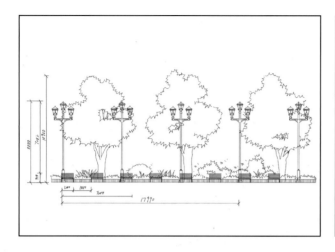
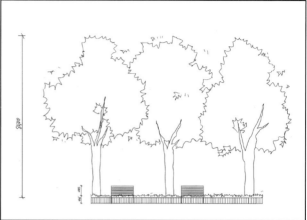
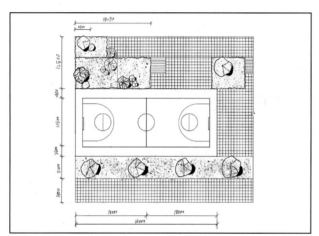
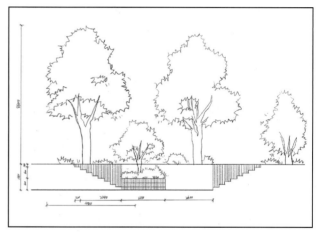
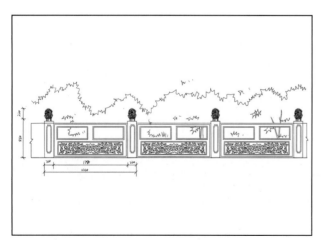
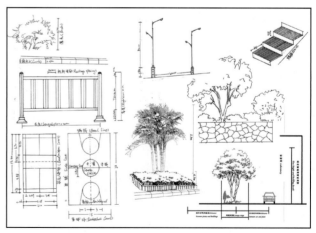

图 2-50　场地测量工作坊 / 刘一灿

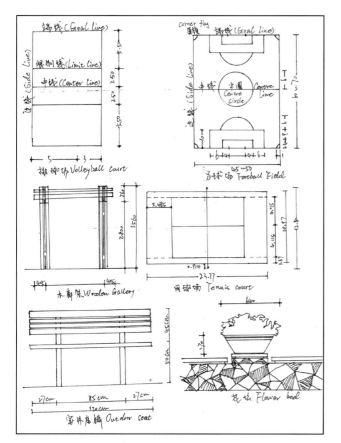

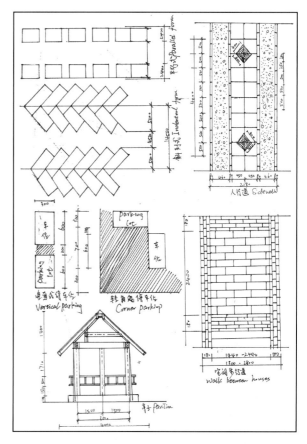

图 2-50　场地测量工作坊 / 刘一灿（续）

④ 园路。公园规划设计中，主干道一般宽 8~10m，可通行较大型车辆；次级路（各游览区内的道路）的宽度多在 4~6m；小路起连接游览区各游乐点、景点的作用，宽度在 1.5~3m。园路的形式自由，铺装多样，是空间界面的活跃因素。车辆通行范围内不得有低于 4m 高度的枝条。路面范围内，乔灌木枝下净空不低于 2.2m，乔木种植点距离路线应大于 0.5m。

⑤ 园灯。园灯的设置应与环境相协调，需考虑灯柱的高度，园灯的照度等因素。在公园入口、开阔的广场，应选择发光效果好的直射光源。灯杆的高度，应根据广场的面积大小而定，一般为 5~10m，灯的间距为 35~40m。

在园路两旁的路灯，要求照度均匀。灯不宜悬挂过高，一般为 4~6m。灯杆间距为 30~60m。在道路交叉口或空间的转折处，应设指示园灯。在某些环境，如踏步、草坪、小溪边可设置地灯。

⑥ 台阶。国家标准下的公共建筑室内外台阶的宽度不宜小于 0.30m，台阶高度不宜大于 0.15m，并不宜小于 0.10m，台阶应防滑。

（4）实践任务内容

① 由于现有平面图尺寸及布局不是很准确，学生以组为单位运用卷尺精量场地内部元素，并将数据以 1∶200 的比例在空白的纸上进行重新绘制，便于学生后期在方案设计中使用。

② 精量清单内场地景观元素的尺寸，并完成相关节点的绘制及尺寸标注，清单内容如下。

A. 景观构筑物：廊架、亭子、路灯（高度及路灯之间的间距）、室外座椅、桌、栏杆、楼梯、花坛、运动场（篮球场、网球场、足球场的长和宽）等。

B. 道路系统：单人步行道宽度、双人步行道宽度、人行道、车行道宽度（一级道路、二级道路、三级道路）、室外停车场车位宽度、路牙高度等。

C. 植物：地被植物、灌木、乔木。

③ 除此之外，教师运用绳子等道具实地讲解剖面图的定义及绘制方法，学生最终需完成 2 张场地剖面图的绘制。

3. 一对一辅导

在探索场地——场地认知体验项目的整个教学过程中，教师每周都会进行 1～2 次一对一辅导，鼓励学生与老师积极沟通，并提高学生的自主学习及思辨能力。师生探讨的内容采用指导记录表记录，帮助学生课下思考，且整个思维过程做到有迹可循（见图 2-51、图 2-52）。

图 2-51　一对一辅导现场

教师指导过程记录表

模块名称		姓名	班级	学号
时间	内容（包括与教师沟通内容及教师针对个人的下一步安排）			

第一周
在画的时候要将思路过程体现出来，用图片式图画将事情（思路）表达出来，说服自己（为何有这个思路，怎样即将，有什么作用）脑中要有成案，将图纸所表达串联起来，要有大局观念。
速写不能过于死板，要有透气性，保留画面协调性（颜色突出重点），整体的协调性很重要。

教师签名：孙晓艺

第二周
从照片中选取素材（纹理）→主观上的变形，由细节向抽象的轻化，不需要天马行空，但又要有想象。

教师签名：孙晓艺

第三周
排版，图文结合，要有形式感，表达方式多样化。
速写有些许单一，要找到新颖的表达方式，使画面多样化，不要使用最普通的速写，要有创新，在其中（点状、同心圆…）可学习设计案例。

教师签名：孙晓艺

第四周
结合实际，将设计融入生活，具有合理性的同时又有实际作用。
不可以凭空想象，平面图要运用不同的图例。画面要有主观意识和设计感。
结合设计师作品，使作品拥有升华空间。

教师签名：孙晓艺

第五周
合理运用不同的图例将作品的特色体现出来，拥有自己的个人风格，场地功能性明显，不能虚幻，要实地考察，实际与想象合理结合起来，将场地的利用率发挥到最大，合理运用场地。

教师签名：孙晓艺

第六周
制作模型要合理选择材料，思考材料与场地的融合性。
同时也要考虑模型放置于场地中的观赏性与美观，要有一定的设计感。

教师签名：孙晓艺

第七周
设计要有主题，人与自然，交通流线，土地土壤，天气、动物，材料及五感同时与设计理念与设计感结合在一起，要有个人特色，将场地的三个功能分区的特色体现，制作三个简易模型。

教师签名：孙晓艺

第八周
将模型深入，考虑更多的方面，要有人文与文化的结合，作品要有深度，不能只浮在表面，色感与美感的结合，要注意不同视觉效果，还考虑不同人群的适应性。

教师签名：孙晓艺

第九周
模型制作完成后，选择合理的角度进行考虑并画出效果图，将主体物的特色与美感体现出来。
主题思想：人与自然，体现人与自然和睦，和谐共生的同时也要保护自然，保护生态环境，具有一定的教育意义。

教师签名：孙晓艺

图2-52　BIFCA模块课程教师指导过程记录表

答疑记录

学生问题：在景观设计中，创意思维与设计规范之间有什么关系？

老师建议：景观设计的最终结果是服务于人，设计规范的存在是为了避免设计的空想性，不是扼杀设计创意，而是帮助设计师更好地将设计图纸变为现实，并满足人们的游憩需求。如何平衡创意思维与设计规范，确实是景观设计师在职业生涯中一直会面临的难题。作为学生阶段的设计者，在进行项目设计时应当在符合设计规范的基础上，通过巧妙细致的设计和先进的技术来支持我们的创意变成现实。就本项目中的校园场地设计而言，学生需考虑设计各项景观元素，如道路、座椅、栏杆等的设计规范。

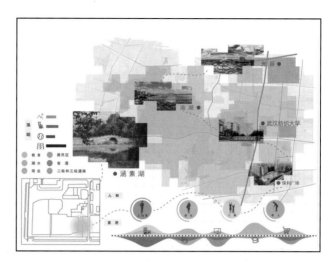

2.2.3 总结与反思

1. 期中调研汇总与产出

通过期中展示与发表呈现前期场地调研成果，引导学生展开对作品的探讨与分析，促进学生间的交流与学习，加强对课程的理解与认知，提升学生的辩证性思维。

通过对探索场地——场地认知体验项目的学习，可以深刻地了解场地调研的重要性，以及在场地中所采用的理性与感性相结合的调研方法，如空间记录、五感体验和时间观察。探索和发展实践技术技能，运用创造性思维有效地表达和构建场地故事（见图2-53、图2-54）。

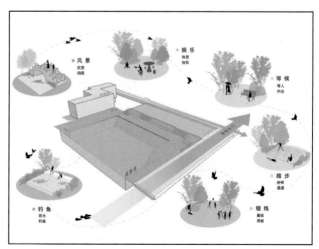

图2-53 学生作业/陈博穹

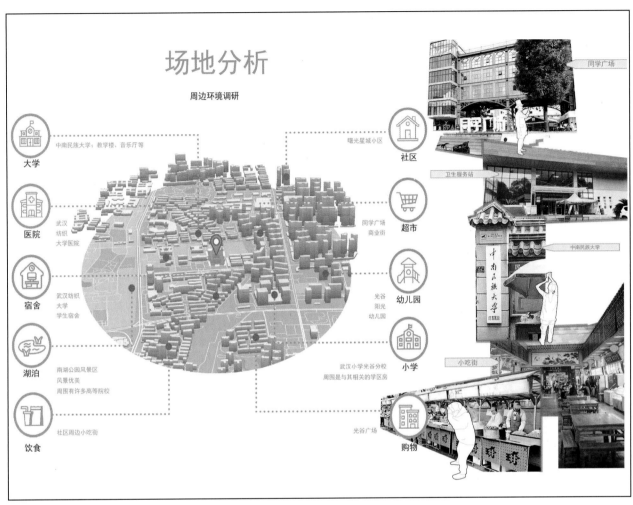

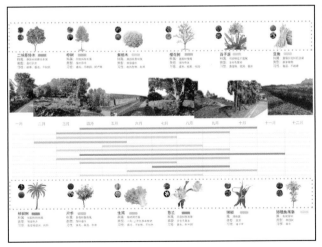

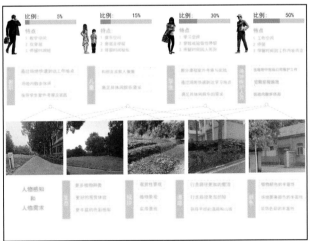

图 2-54　学生作业 / 刘俊秀

2. 作业评价

（1）学生案例（一）

这位学生的作品评级为优秀。该学生在任务中的理论与实践结合能力表现突出，且很好地通过场地实践自主收集并分析了相关数据，具备良好的自主学习能力、研究能力及分析能力。在作品中不仅很好地将调研数据视觉化，还有效地将场地重要信息进行筛选及合理化表达。基于场地调研数据，其能够很好地探索与发掘设计灵感。

该学生抽签所得场地为山坡，相比于其他三个场地，山坡有其独特的地形优势及丰富的植被优势，但由于其位置相对偏僻，设施较少，所以适用人群并不广泛。在场地观察中，学生发现了场地内有趣的季节性特点，如落叶及多层级植被搭配；场地周边几栋年代久远的老房子和无人问津的林间小道，以及边界处被周边居民所开垦的菜地；学生了解到在场地边界处种植菜地的其实是周边小区的一些退休老人（见图 2-55）。

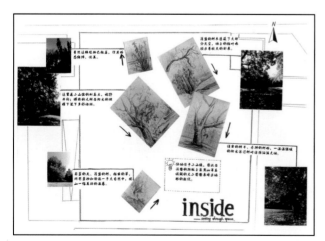 

图 2-55 空间观察 / 陈恩纯，刘洽含

在五感体验中，学生通过视觉、听觉、味觉、嗅觉和触觉感知场地的材料、声音、味道和场景（见图 2-56）。学生被场地边界处的"手绘墙"所吸引；感受到场地西北处丰富的植被所带来的鸟语花香；品尝到菜地里新鲜的蔬菜瓜果；触摸到场地内老旧建筑的红砖墙面肌理，充分了解到景观所带来的多维感官体验（见图 2-57）。地形、菜地、手绘墙及老旧建筑的红砖墙面肌理等场地记忆，成为该学生项目灵感生成的来源（见图 2-58）。

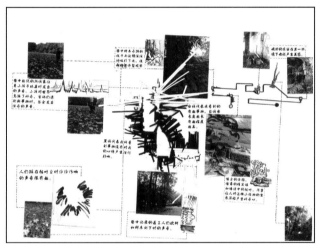

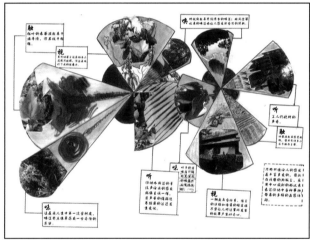

图 2-56　五感体验 / 陈恩纯，刘洽含

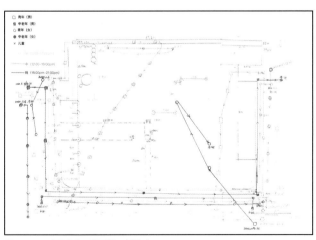

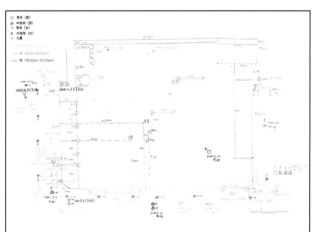

图 2-57　时间观察 / 陈恩纯，刘洽含

| 灵感来源

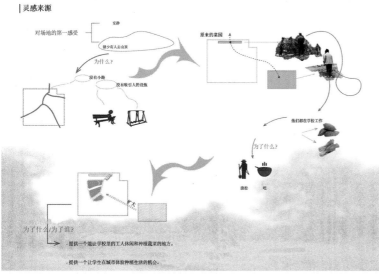

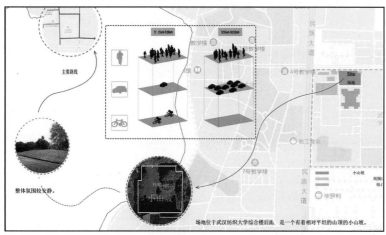

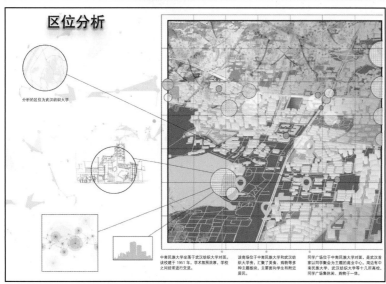

图 2-58　场地调研整合 / 陈恩纯，刘洽含

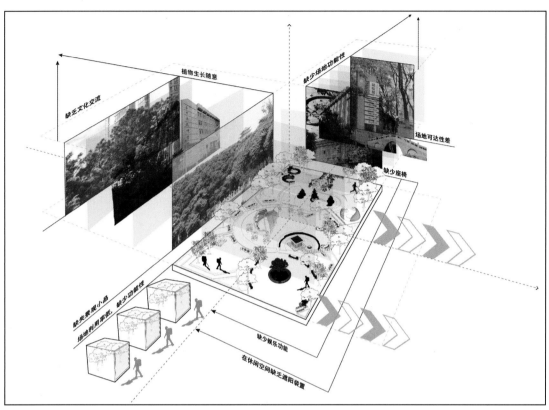

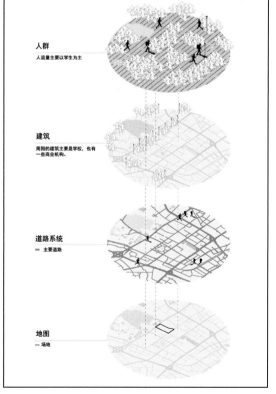

图 2-58　场地调研整合（续）/ 陈恩纯，刘洽含

（2）学生案例（二）

这位学生的作品评级为良好。该学生从场地的空间观察（见图 2-59）、五感体验（见图 2-60）、时间观察（见图 2-61）和场地调研整合（见图 2-62）等方面进行分析，能够很好地将任务中所教授的理论与场地实践结合在一起，具备了良好的自学能力与自主分析能力。在场地调研过程中，其筛选和整合场地信息的能力还有待进一步提高。认知地图的创作过程记录不够充分，没有及时进行反思，缺乏和教师的及时沟通。画面的视觉表达方式过于单一，需根据表达内容进行调整。

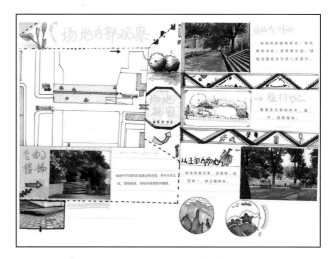

该学生的场地为湖边区域，相比于其他三个场地，湖边所具有的优势体现在地理位置、场地构造及动植物种类上，但其场地设施建设相对稀少，所以适用人群不广泛。在场地观察中，学生发现了场地内丰富有趣的动植物种类变化，如该场地邻近湖边，花草树木葱郁，大部分动物的聚集地在此处。由于场地邻近学校侧门口，这也为场地内增添了不少人流量，使场地内呈现出生机勃勃的景象。同时，学生了解到场地内的人群大多是周边小区的一些年轻人和退休老人，他们在一天中闲暇的时间几乎都会来此处散心和锻炼。

该学生根据场地现有的情况，将时间观察任务划分为三个方向：一是确定进入场地的人群的所在位置，并记录人群的信息和数据；二是记录两周内的行人和车辆动线；三是运用问卷调查与延迟摄影的方式收集和记录访客进入场地的频率、目的和时间等。在作业过程中，学生发现场地主要使用人群是 15～25 岁的年轻人，以及 50～70 岁的退休老人，活动时间段集中在 7：00—8：00、12：00—13：00、17：00—18：00，活动空间主要也是以湖边的塑胶空地、外围的道路系统为主。同时，调查问卷的结果表明，因缺少安全设施、水体富营养化严重等问题，导致访客参与度低，场地原有的功能逐渐被遗弃。

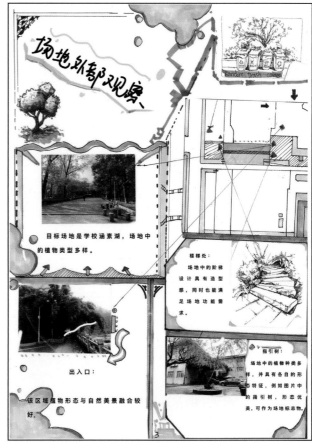

图 2-59 空间观察 / 刘一灿

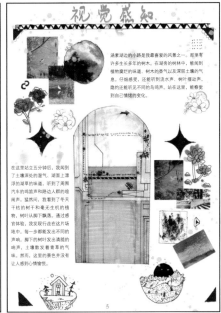

图 2-60　五感体验 / 刘一灿

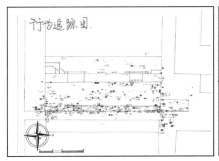
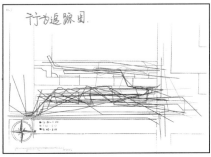

图 2-61　时间观察 / 刘一灿

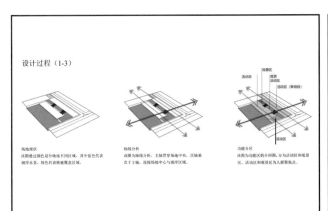

图 2-62　场地调研整合 / 刘一灿

2.3　项目三：分析场地——场地认知思辨

　　基于前期对场地主观与客观的探索，本节将引导学生通过资料查阅、实地考察、调查问卷或采访交谈等方式把握周边环境与场地之间的关系，全面认识场地状况。学生在获得大量关于场地的文字、数据、图像等调研资料后，需根据设计主题进行资料的抽丝剥茧，并将最终数据通过图像形式进一步整合与提炼，从而提出解决的问题和设计概念。

　　学习目标及要求：熟悉场地调研方法，能够通过资料查阅、实地考察、调查问卷或采访交谈等方式，了解场地与周边环境的关系，解读场地特征，完成对场地的全面认识，以数据、图纸、图像、文字及文献等形式输出；掌握场地分析的方法，能够根据设计主题对收集到的场地信息资料进行解析与取舍，提炼出能体现场地特征的元素，重视场地的历史文化资源，尊重并延续场地精神。

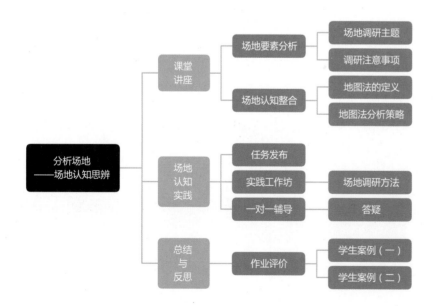

2.3.1 课堂讲座

1. 场地要素分析

当设计师开始做设计时，除了对场地本身的考察，仍然需要充分了解场地周边的环境及其背景。基于设计中可能涉及的相关信息，我们可以将调研主题划分为以下几个方面：区域位置关系、区域交通关系、自然景观特征、功能性用地特征、区域历史人文特征、区域历史环境特征、区域历史存在的问题和矛盾、区域气候条件、区域现状与人文特征、区域行政数据、市政基础设施、区域内建筑环境特质等（见表2-2）。

表2-2　前期调研主题

	分类	方法	调研主题	内容	工具
前期	资料调研	地图（分布）	区域位置关系	场地地理位置、区域环境尺度特点、场地尺度特点等	主要以文字资料和图片资料为主
			区域交通关系	主要道路分布、公共交通分布等	
			自然景观特征	土地、水文，如公园、绿地、河流、湖泊等	
			功能性用地特征	商业用地、居住用地、工业用地等	
		网络资料文献档案	区域历史人文特征	历史人物、建筑形制、风土人情等	
			区域历史环境特征	翻阅不同年代的地图查看用地变迁、区域发展轨迹	
			区域历史存在的问题和矛盾	如经济、治安、环境卫生等	
			区域气候条件	日照、气温、降水、风等	
			区域现状与人文特征	生活习俗、特色、节日活动等	
			区域行政数据	人口分布状况、区域规划政策和意见、产业构成情况等	
			市政基础设施	能源供给、用水供给、排水系统的基本状况	
			区域内建筑环境特质	地标性建筑物、建筑物的年代及风格、公共空间形制等	
			其他	与场地相关的资料	

（1）场地调研主题

① 区域位置关系。通过地图法分析和描述场地的地理位置、区域环境尺度特点、场地的尺度特点。

② 区域交通关系。通过地图法展示场地周边主要道路的分布及公共交通（地铁、公交等）的分布状况。

③ 自然景观特征。通过地图法了解场地中水文、土地的基本条件，如公园、河流、湖泊、绿地的分布状况。

④ 功能性用地特征。通过地图法分析周边用地情况，其中用地类型包括商业用地、居住用地、工业用地、公共管理与服务设施用地、物流仓储用地、绿地与广场用地、道路与交通设施用地、公共设施用地等。

⑤ 区域历史人文特征。通过文献资料查阅或者访问交谈，了解场地的历史人物、风土人情、建筑形制等。

⑥ 区域历史环境特征。翻阅不同年代的地图，查看场地的用地变迁、区域发展轨迹。

⑦ 区域历史存在的问题和矛盾。通过档案及网络资料查阅，发掘场地的政治、经济、治安、环境卫生等相关历史问题及矛盾，探索场地发展机遇。

⑧ 区域气候条件。通过网络资料查阅，了解场地的日照、气温、降水、风、地下水等基本情况。

⑨ 区域现状与人文特征。了解场地中现存的生活习俗、特色、节日活动等。

⑩ 区域行政数据。通过网络资料查阅与统计，了解场地人口分布状况、区域规划政策和意见、产业构成情况等。

⑪ 市政基础设施。通过资料查阅，了解场地能源供给、用水供给、排水系统的基本状况。

⑫ 区域内建筑环境特质。了解场地中的地标性建筑物、建筑物的年代及风格、公共空间的形制等情况。

（2）调研注意事项

在做前期调研的时候，一定要结合项目主题与场地情况进行有针对性的调研，例如：建筑设计的前期调研会侧重于分析区位、交通、功能性用地，了解项目的基本环境；生态类景观设计的前期调研会首要考虑场地的区位、交通、气候等现状，从而判断场地是否具有设计潜力；旧城改造类城市设计的前期调研，重点在于对区位条件、交通状况、历史环境特质以及人文背景等方面进行深入分析，进而确定其改造的设计方向。

2. 场地认知整合

在当代社会、经济、技术背景下，景观因素日益变得复杂，呈现出多样性、动态性与关联性等特征。詹姆斯·科纳认为，传统的制图方式只是复制客观事实，而地图法可以帮助我们发现和构建复杂因素和过程之间的关系（见图 2-63）。

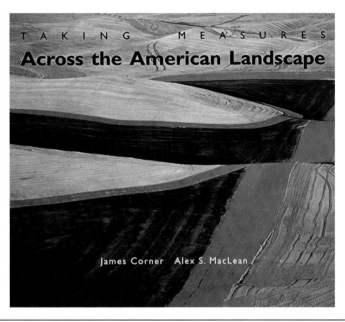

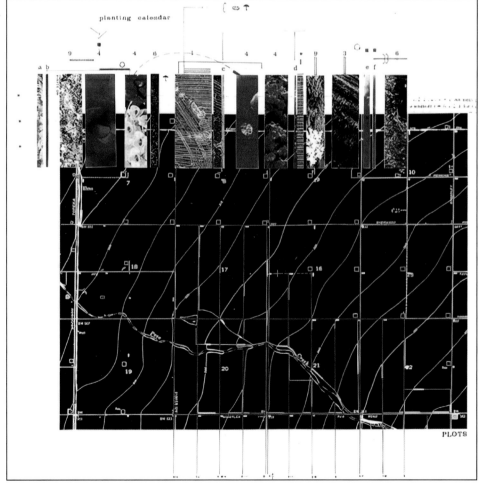

图 2-63　图解美国 / 詹姆斯・科纳

（1）地图法的定义

地图法（Mapping）的理论最早可追溯到凯
文·林奇的《城市意象》，书中创造性地用认知
地图来分析美国波士顿等城市在公众心中的意
象，并归纳出构成城市意象和增加城市的可意象
性的五元素：区域、道路、边界、节点和标志物
（见图 2-64）。

"Map" 一词最为人们所熟知的含义是地图，
而目前景观行业中的地图法也源于这个词，它
发掘场地隐藏特征并真实呈现日常生活空间的过
程，也是一个连续观察和发现的过程。在这个过
程中，场地内外新的关系和连接得以建立，对场地
的系统化理解得以产生，分析式思考和设计提议得
以相互接驳。地图法所呈现的信息可以是投影图、
照片、手绘、符号等空间信息，也可以是数据、图
表、流程图等社会文化信息及动态，探索信息内部
的复杂关系产生新的认识是其本质意义。

任教于华南理工大学建筑学院的何志森博
士，于 2014 年创办了 Mapping 工作坊，以 "跟
踪、观察、发展→思维导图训练→构图思考→策
展" 的独特议程，提供了解读城市空间的另一种
可能。在 2017 年的深港城市 / 建筑双城双年展
上，他策展的《南头古城》，以拖鞋作为梳理场
地线索和展示场地故事的工具，了解到南头古城
的建筑空间布局，发现大部分居民的居住空间
狭小，解析了城中村的文化特色和社会组织链
（见图 2-65）。

（2）地图法分析策略

地图的不同绘制方法，不仅造成读图者阅读
内容、方式、感受的巨大差异，同时以一种隐晦
的手法干预读者的意识。詹姆斯·康纳在其著作
《地图术的力量：反思、批判和创新》中提出了 4
种地图法表达策略与技法，具体如下。

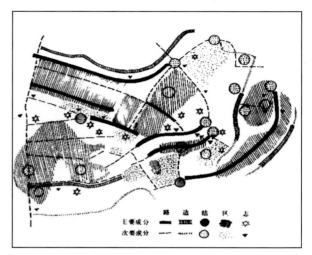

图 2-64　构成城市意象的五元素 / 凯文·林奇

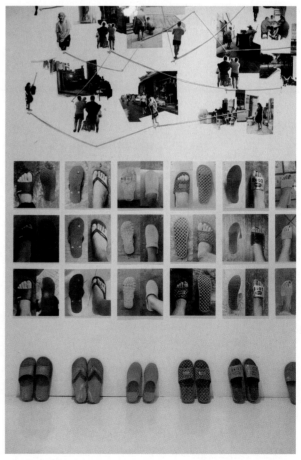

图 2-65　《南头古城》/ 何志森

① 解构。解构属于一种图像拼贴的表达手法，旨在对城市空间的体验进行拼贴重构，从而记录城市空间序列及其转瞬即逝的特征。该策略有大量的图片需要进行整理，从中筛选并发掘内在联系，结合场地地图进行逻辑性表达（见图2-66）。

② 叠加。通过图层的叠加来解释场地高程、时间和空间维度的内在关系。这使调研不再局限于简单的场地调查与测量，而是探索其内在本质属性（见图2-67）。

③ 推演。基于前两者对于场地本身的自然条件的揭示，设计师可运用地图法在不断变化的开放空间发掘场地演变过程中的逻辑关系（见图2-68）。

④ 发散。地图学数据收集与整理是一个开放与包容的过程，在这个过程中允许发散性的解读，并使得各种事件、进程有机会在设计中发生，而非传统规划那样做"减法"（见图2-69）。

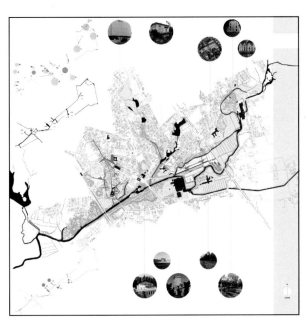

图 2-66　解构分析图

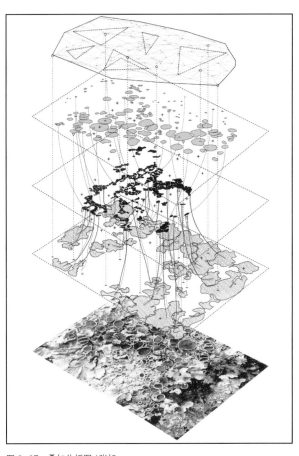

图 2-67　叠加分析图 / 张旭

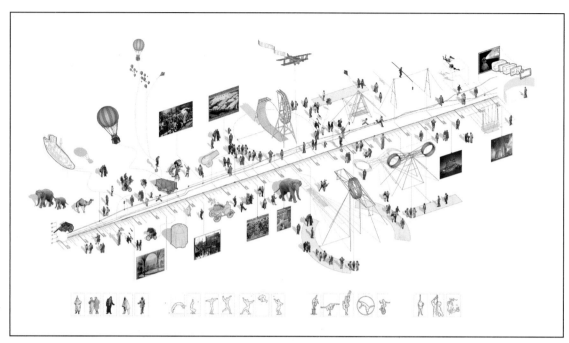

图 2-68　推演分析图

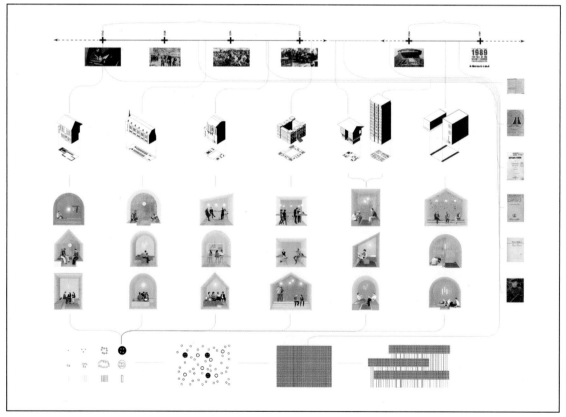

图 2-69　发散分析图

2.3.2 场地认知实践

1. 任务发布

教师对常用调查法进行详细介绍，学生以小组为单位，基于直径为100m范围的主要场地与两个直径为50m范围的次要场地，分别就文化、历史、社会、经济、生态、空间等方面进行深入探索，并将所记录的信息（如照片、手绘、文字）运用地图法进行整理和表述（见图2-70）。

作品提交任务如下。

调研分析：场地调研数据与资料汇总，用图文、视频等多维度媒介呈现。

调研报告：500字的场地故事与成果文字报告。

设计成品展现：场地故事呈现（A0图纸）、信息图表。

图2-70　场地认知思辨

2. 实践工作坊

为了实现设计的预见性与适应性，我们有必要对场地特征及模式进行系统性的调查与研究（见图2-71、图2-72），最常见的4种调研方法如下。

① 资料查阅。基于相关文献、新闻、博客、报刊、书籍的查阅，收集大量背景资料与信息，从而帮助设计师了解场地背景、现状及历史文化。

② 实地考察。实际访问场地，并运用科学观察工具，包括摄像机、录像机等工具直接观察、记录场地现状，寻找场地问题。

③ 调查问卷。调查问卷是景观空间调研中应用最广泛的方法之一，调研者需围绕研究问题设计问卷，且遵循自愿性、必要性、可能性、简洁性4项基本原则。

④ 采访交谈。这是一种非常有效的交流方式，可以用来收集信息、了解他人的观点和感受、学习他人的思维和经验等。通常采用视频或文字的方式来记录调研过程。

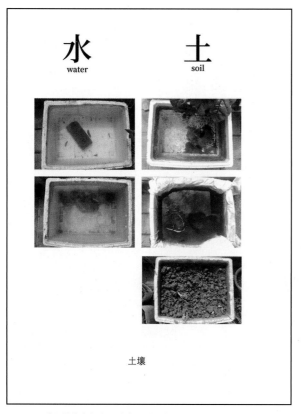
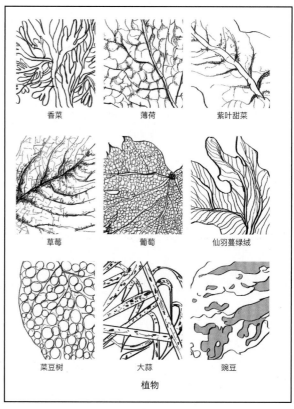

图2-71 《场地故事探索 逸角》土壤和植物 / 王淼，刘芃芃，樊勃，方欣雅，蒋志凌，易洪光，孙悦，王泽宇

使用者类型

我们每天午饭和
晚饭后都有在这里散
步的习惯。住在这里
我感觉很舒服。

武汉纺织大学退休教职工

这里是一个我们
从来没有来过的神奇
之地,我们很开心可
以在这里探索新的领
域。

就来这里散个步。

武汉纺织大学退休教职工

武汉纺织大学学生

有时候我们也会
到这个平台上吃晚饭,
因为这里非常空旷。
我也可以在这里碰到
许多邻居,然后在一
起聊天。

我们每天都会在这里,
因为在这里种菜养花已经成
了我们的习惯,而且这也是
我们空闲时消磨时光的好
方法。

武汉华罗利广场的工作人员

武汉纺织大学在职教师

使
用
者
类
型

　　通过在不同时间对屋顶的走访和调查,我发
现屋顶花园的使用人群主要由武汉纺织大学的
教职工组成,其中包含已经退休的和在职的教
职工,这一使用人群占据了所有使用人群的80%
以上,所占比例相当大,其次是楼下华罗利广
场的工作人员和武汉纺织大学的学生。

图 2-72 《场地故事探索 逸角》人群访谈 / 王淼,刘芃芃,樊勃,方欣雅,蒋志凌,易洪光,孙悦,王泽宇

3. 一对一辅导

教师根据每位学生的情况进行一对一辅导，针对每位学生的问题和主题给予合理化建议。下面以两位学生的场地实践工作坊作品为例展开详解。

作品《场地故探索 冲突》（见图2-73），设计者以夜市工作者的视角探索周边小区居民的生活方式及生活空间上的差异。在调研过程中，运用实地考察、采访交谈等调研方法深入了解夜市工作者的生活轨迹，并发现夜市工作者的工休时间与普通居民有很大的差异。因此，双方之间时常会产生小摩擦，但这种不可避免的差异却随着时间的推移而逐渐被大部分居民所接受。

学生问题：场地调研仅仅只是记录场地中看到的客观事物吗？

教师建议：任何人都能看到场地的客观事物，但作为设计师，我们应该向前一步，学会"看见"场地背后不为人知的故事。通过观察、表达、动手、思考以及和陌生人交流，发掘场地特征元素之间的内在联系，以这些看不见的场地特征元素为工具，来创作出更接地气、更能够打动人心的设计作品。

作品《场地故事探索 逸角》（见图2-74），设计者以一名退休居民的视角，探索其一天的生活轨迹，发现建筑屋顶农场成了社区居民沟通和交流的新空间。在调研过程中采用调查问卷、实地考察、采访交谈的方式深入了解社区居民的生活方式，并认识到参与屋顶农场的居民类别、年龄分布、农场种植方式及种植流程。

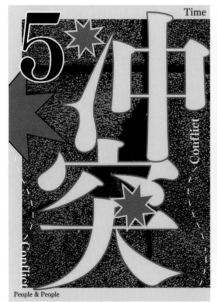

图2-73 《场地故事探索 冲突》/陈恩纯，黄虹，李洁颖，胡睿泽，邓诗媚，杨雨墨

学生问题：如何在调研过程中深入地了解被观察者的故事？

教师建议：只有进入被观察者的生活中，才能了解他们的故事。在被观察者同意的前提下，可以采用跟踪被观察者的方式了解其生活轨迹，也可以通过采访交谈的方式从他们的话语中了解他们在情境中的问题领域。

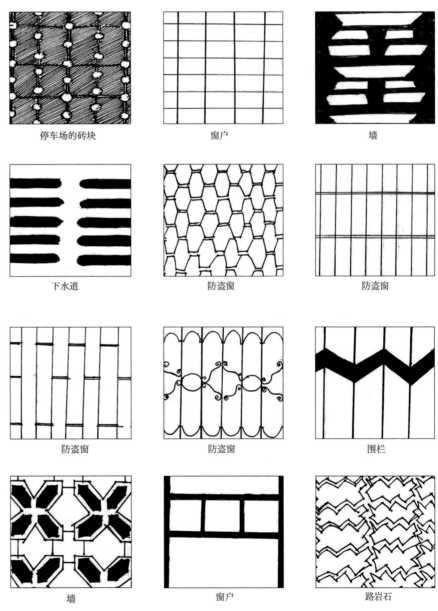

停车场的砖块	窗户	墙
下水道	防盗窗	防盗窗
防盗窗	防盗窗	围栏
墙	窗户	路岩石

图 2-74 《场地故事探索 逸角》/ 王淼，刘芃芃，樊勍，方欣雅，蒋志凌，易洪光，孙悦，王泽宇

2.3.3　总结与反思

作业评价

（1）学生案例（一）

本小组的作业等级为优秀。学生还未正式进入设计部分，所以本阶段的调研仍在帮助学生加强对场地的了解和把握。从调研成果中可以看出，学生在积极地收集场地的信息，并且在调研过程中灵活地运用了前面讲座中所提到的资料查阅、实地考察、调查问卷和采访交谈这 4 种调研方法。同时，学生尝试挖掘场地背后的故事，发现场地中扣人心弦的元素。在最后的信息汇总中，学生尝试运用灵活的媒介来展示成果，丰富了视觉表达形式（见图 2-75）。

图 2-75　场地认知调研 / 吴文钰，冯铭妤，谢奕忻，苟子怿，田芷溪，李健楠

此次作业为小组作业，组内成员分成三组，分别对 4 个场地进行了调研，且每个小组成员从人流、天气、颜色、生态中选择一个专题对场地进行考察和思考，然后分别打印和制作自己认为与场地相关的重点信息，最后汇总在一起进行筛选和拼贴。该小组选择的主题是颜色、交通、人流及动植物，他们通过实地调研收集归纳了场地及周边以商业、住宅、教育为主的场地情况。该小组成员对场地进行实地考察，分别在不同的时间及天气状况下，对场地进行拍照，并且记录场地内的交通情况、人流量及相关动植物情况。之后，该小组进行了一次讨论与总结，得出如下结论：本场地的地形平坦，地处交通要塞，交通通达度高，早晚时间车辆与行人较多，多为学生和教师；场地周边有丰富的娱乐休闲设施，如 KTV、书店等，其主要服务对象为学生；周围环境生态绿化较好，风景优美，为鸟类提供了良好的生态栖息环境，所以周边动物以鸟类为主，其次为流浪或家养的猫和狗；附近高校林立，相应的教育资源完备，但是因为其建校历史悠久，其建筑造型与设计不再新颖，材料老化程度较高。在本次调查中，该小组发现有很多人在人流丰富的区域摆地摊，卖一些小商品，其中不乏有一些大学生，来往行人对于这一行为也比较支持。摆地摊对于大学生而言确实是一个比较好的赚钱方式，也可以作为大学生创业的初步尝试。

（2）学生案例（二）

本小组的作业等级为良好。学生积极参与到前期的场地调研中来，且分工合理，调研信息充足。但在调研方式的选择上有些许单一，需进一步灵活运用合理的方式，如通过采访交谈深刻了解场地故事。在最后的信息汇总中，学生应该尝试运用更加灵活的媒介来展示成果，丰富视觉表达形式（见图 2-76）。

本次的作业以小组为单位，每位学生负责不同的板块，如天气情况、路线、人流量的记录等。学生将路线和环境的记录板块放置于左上角，用图片和线条串联的形式记录了场地周围的环境，作为影响场地功能的因素之一。可见，场地周围多为居民区、社区事务所等，是居民经常经过的地段，学生用表格的形式，纵向表达人群类别，横向表达不同人群在场地周围所停留的时间，由此分析场地对不同人群在不同时间段的吸引力。因居民区颇多，人口流动多在早上和晚上，而中午人流量较少。在整个表格的下方，有很多组图片拼贴形式的板块。采用拼贴拍摄图片、粘贴实物的方式，可以让人更加深入地了解场地中包含的动植物。经过学生自己的思考后，将主观转变为客观，利用手绘的方式将所见画了下来。同时不难发现，环境中杂草颇多、地面不平，存在使人行走困难等问题，这成为环境想要进一步开发的难点之一。在标题的正下方，则是对天气的一系列记录。学生记录了观察期间气候温度、湿度的一系列变化，并将其记录在表格当中，利用曲线图、折线图、不同颜色来表达温度和湿度的方式，同样论证出在这个区域环境中适宜种植的植物、适宜生存的动物，继而加深对环境的理解。在这一次作业中，学生之间增进了了解，在互帮互助中顺利地完成了作业，对于观察场地、分析场地有了自己的理解。

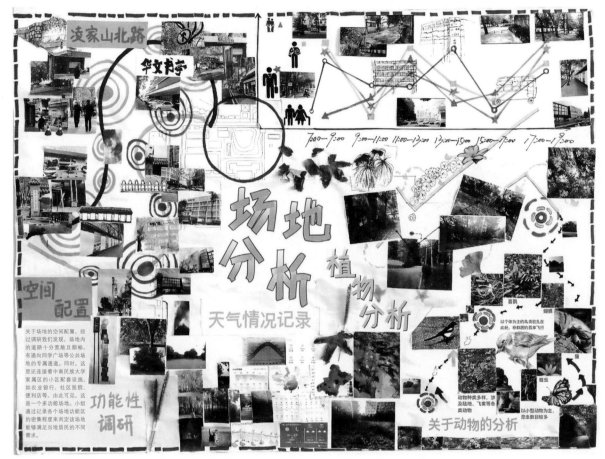

图 2-76 场地认知调研 / 刘俊秀、李璐吟、刘诗涵、胡雅轩、王艺霏、李嘉琪、乔露

2.4 项目四：解构场地——灵感生发

设计灵感来源于对场地及周边环境的感知，探索剖析环境中的物质与非物质要素。该项目启发学生通过分析场地调研的信息，激发学生的感性与理性思维进行设计探究，学生以思维导图和概念模型为媒介，从多个角度将设计概念进行视觉可视化与实体化探索。

学习目标及要求：学习思维导图的构思与绘制方法，探索思维导图多样化的表达方式，记录设计概念的探索过程，使思维导图既具有逻辑性又具有观赏性。学生运用多种材料表达概念模型，探索模型不同的空间结构，并转译成场地的重要节点，嵌入场地整体的设计概念中。

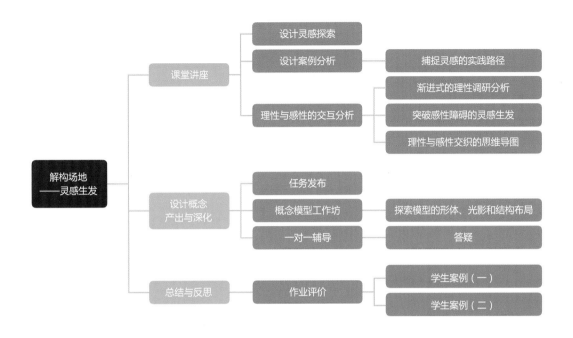

设计灵感并非天马行空的狂想，而是人脑的预期在现实世界中的映射。场地的调研分析是重要的灵感来源之一，场地分析应将整体分解成若干部分，分析各部分之间的相互关系，加深对场地的理解。设计师应基于对场地及周边环境的感知，通过对环境中物质与非物质要素进行剖析，同时满足目标人群的需求，并将基地条件与现实需求及设计意向协调统一。将设计灵感进行视觉可视化表达，最终转译成设计概念。在任务二和任务三中，学生分别结合行走感知和理性思辨两种不同的场地调研形式，已经对场地的特性形成系统认知。

本节的学习目标是启发学生探索设计灵感，厘清设计思路。在前期的场地调研中，需要积极引导学生对场地调研主题进行五感体验，突破感知障碍和情感障碍，提高学生的创造性思维能力。在教学任务设计中，教师引导学生对场地空间的五感体验、场地内的元素变化和周边环境特性建立感性认知，并运用 A3 海报分析调研成果，进行视觉可视化表述，为激发学生的创造性灵感提供基础素材。教师以"课程讲座→设计思维导图→一对一辅导"的模式授课，学生根据讲座中的设计理论，整合前期调研的相关信息，绘制设计思维导图，最终形成完整的设计概念。课程初期，教师通过讲座形式介绍本章相关知识点及发布任务，学生完成相关任务后，进行阶段性点评。

2.4.1　课堂讲座

没有灵感的作品就没有灵魂和情感，在我们日常生活中灵感无处不在，大到星辰大海，小到露水尘埃，太阳、月亮、雨水与江河、生灵与草木等，这些自然元素与人类一起共存于地球，共同探寻无穷无尽的生物演化，生动表达了时光消逝的过程。能否捕捉到一瞬间的灵感，关键在于创作者是否具有审美的眼光和生活的热忱，并拥有发现美的心。灵感可以来源于任何事物。

1. 设计灵感探究

在设计灵感转译中，我们首先要思考一个问题"思想是什么"，柏拉图认为，思想是人的天赋能力。理性思维是一种工具，其职能在于将我们的经验与感官相融合，帮助我们对事物展开综合分析和归纳，进而理解世界。理性思维的作用在于分析客观事物的本质，从理性的角度进行思考，建构景观形态的思维。建筑大师沙利文提出"形式追随功能"，意思是符合目的性的功能和结构，可以通过具体、直观的形态进行呈现，成为发自于内而形于外的形态。

亚里士多德认为，对于所有的生命而言，灵性是至关重要的一种特质，其滋养了生命的生长与繁衍。灵性因感受事物的情绪、记忆而存在，感性的作用在于现象认识，事物的现象需要通过感性思维的转译才能形成，比如自然风貌、历史文脉通过五感体验的媒介传到大脑形成映像。感性思维的建构需要从人的认识本源出发，捕捉探索一种最直接、纯粹的视觉印象。

就景观设计而言，灵感是介于理性与感性之间的学科。作为景观设计师，需要将理性思维与感性思维相结合，形成互动性思维；理性思维和感性思维相辅相成，互为补充。互动性思维的思考方式是整体和宏观的，它是建立在一个网状结构的内部进行跳跃性展开的思维模式，具有非线性的往复交替的思维特性。只有用理性思维对感性思维进行功能与形式的严谨分析，感性思维才能有的放矢地进行灵性的探索与创造。

爱因斯坦说："逻辑思维不能做出发明，它们只是用来捆束最后产品的包装。"在设计灵感的探索中，无论从理性还是感性出发，都能进行设计概念的展开。笛卡儿有一个著名论断"我思故我在"，他认为思想是有意识的心理过程的总和，包括觉知、理智的思想。所以不应将理性与感性进行线性的简单结合，理性思维的基础是感性的体验，人通过感官接收和提取信息形成感性认识，再通过理性思维对事实资料、现象知识等进行思辨分析，提取形态、元素等作为设计灵感。

2. 设计案例分析

无论采取何种方式进行设计灵感转译，都是对场地已有事物的思维映射。我们将从场地、技术、文脉、功能、历史、自然和意境等方面阐述灵感的来源。

（1）灵感来源于场地

场地环境自身所存在的客观元素包括水、土壤、动物、地貌和地形等。场地的客观元素能较好地适应当地环境，并保留当地特色，而设计师在寻找设计灵感线索时，应该优先考虑场地中客观存在的元素，遵循自然演变和人类发展规律。

位于鄱阳湖西岸的南昌是江西省的省会，在雨季，区域洪水和城市内涝始终是南昌市面临的挑战。由于气候变化和城市化进程，导致该区域的湖泊与湿地生态环境逐渐恶化，加上粉煤灰的填埋和过度使用鱼饲料，使城市地表水遭受严重污染。项目区域周边正进行密集的城市开发，周边居民迫切需要一个钢筋混凝土"森林"中的自然绿洲。

土人设计团队根据场地周边环境特征，决定创造一个具有弹性空间的城市自然庇护所。南昌鱼尾洲湿地公园（见图2-77）将提供城市雨洪管理、水过滤净化、鸟类和其他野生动物栖息地等多种生态系统服务，同时提升周边居民的公共活动空间质量。土人设计团队基于古代沼泽地耕作的垛田概念，结合填挖技术和漂浮花园系统，将倾倒的粉煤灰回收利用，与鱼塘塘基的泥土相结合，打造若干小岛，并形成生态岛链。由于场地受到鄱阳湖季风气候影响，当地属于洪泛适应性的湖沼湿地，所以土人设计团队选择落雨杉、池杉和水杉等适应水位涨落的植物。湿地公园的起伏水位经常暴露贫瘠泥泞的水岸线，因此在水岸线和岛屿边缘以莲花、荷花等植物覆盖湖泊，并搭配种植多年生和一年生的湿地植物。湿地公园中部区域在每年汛期会被淹没，形成的消落带景观给周边居民带来了沉浸式湖沼湿地体验的同时，很好地净化和处理通过周边梯田地形汇入的城市地表径流。湿地公园环绕自行车道和亲水步道，环形步道和平台体系成为游客前往森林岛屿的林荫通道，构成了形式各异的湿地秘境空间。

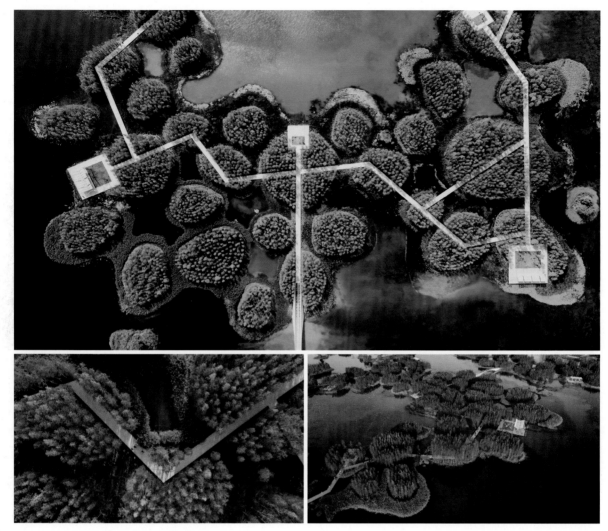

图 2-77　南昌鱼尾洲湿地公园 / 土人设计团队

（2）灵感来源于技术（生态）

　　景观设计作为一门涵盖广泛的综合性学科，不仅要考虑美学的表现形式，更重要的是需要平衡自然、生态、社会和行为 4 个方面的关系。新技术是时代科技发展的体现，引领着景观设计特别是景观生态设计的发展。

上海世博后滩公园（见图 2-78）是 2010 年上海世博园的核心绿地之一，也是上海市的重要公共空间。场地位于园区西端，黄浦江东岸与浦明路之间，为狭长的滨江地带，占地 14 万 km²。场地原为钢铁厂（浦东钢铁集团）和后滩船舶修理厂所在地，工业固体垃圾和建筑垃圾遍布场地周边，且埋藏很深，导致土壤重金属污染严重，尤其是黄浦江的水污染更重，为劣 V 类水。场地地势相对平坦，原有的防洪墙为水泥硬化工程，沿岸没有生态滨江公共空间供市民休闲。

土人设计团队将城市人工湿地净化系统技术应用在上海世博后滩公园的内河人工净化湿地建设中，该湿地位于场地的中间，突出自然栖息地和水生系统净化功能、审美启发和科普教育等综合性的功能区域，成为公园的核心体验区。在公园设立梯田生态净化区，从湿地中抽取江水对梯田进行灌溉，利用梯田的高差，对江水进行逐级净化。部分梯田按植物床净化原理设计，植物床选择砂质土壤层、滤砂层、煤渣层、粗砂层和砾石层共 5 层过滤层，在砾石层中布置收集江水管网装置。水生植物吸附有毒有害物质，如重金属铅、镉、汞、砷等，植物配置原则是以沉水植物为主，以漂浮和浮叶植物为辅。动物配置主要选择能够食用含重金属离子藻类起到延长食物链降解作用的动物，如本地产虾类螺、蚌、鱼和浮游动物或食藻虫。规划后的公园湿地景观有林地、滩地、浅水区湿地、深水区湿地等，不同的湿地景观体现出植物群落的多样性和动物生境的多样性。

人工净化湿地系统不仅可以成为提供美景和游憩场所的空间，更应该成为一个展示生态文明理念和教育传播的平台。场地节点分为 3 个类型：密致的体块——由树阵或竹丛构成块状实体，分割步行游览的空间体验；围合的容器——由树丛围合而成，可用于当代艺术展示；开敞的平台，包括南端的"凉台问渠""水门码头""清潭粉荷"等公共空间，供市民聚合使用。将这些节点与步道网络相结合，创造出独特的空间体验。

（3）灵感来源于文脉

党的二十大报告提出："坚守中华文化立场，提炼展示中华文明的精神标识和文化精髓"，强调文化在社会发展中的重要地位与作用。文脉一词最早来源于语言学范畴，原本是指上下文的关系，经过衍生，逐渐扩展到建筑学、城市规划等领域。文脉作为一个城市的灵魂，代表着城市文化的赓续。设计师应该尝试在场地周围环境中探索视觉语言的依据，从而实现城市文化的传承与延续。

图 2-78　上海世博后滩公园 / 土人设计团队

【苏州博物馆】

【拙政园】

　　苏州作为贝聿铭的故乡，具有悠久的历史文脉。苏州博物馆的选址位于苏州重要的文化街区，北倚拙政园，东邻忠王府，该选址既富有挑战又有深刻蕴含。贝聿铭根据苏州的历史环境和文化积淀，提出"中而新，苏而新"的设计理念，延续设计中简洁的几何和视觉元素（正方形、长方形和金字塔），并借鉴传统的苏州建筑，使用白色的泥墙，深灰色黏土制的瓦片屋顶和错综复杂的花园建筑。建筑色彩采用苏州传统建筑的黑色、白色、灰色，形成粉墙黛瓦的建筑形象，但在屋面材料的运用上，以"中国黑"片石取代砖瓦，切割成菱形体块挂在坡屋面上，并与墙身连成一体。在整个场地布局上，建筑群采用矩形布局，环绕着中央水域，水体的中心（也是整个园林的中心轴上）设置凉亭（见图2-79）。苏州博物馆通过巧妙布局和尺度控制，与周围的古典园林相得益彰。

图2-79　苏州博物馆/贝聿铭

与传统的苏州园林一样，苏州博物馆的主庭院由新馆的建筑围合，北面与拙政园仅一墙之隔。庭院设计以水面为主，与园林外延展的周边肌理相结合，仿佛由拙政园引水而来。园中的展厅环绕回廊而设，彼此借由回廊相互联系，构成了一个富有层次与通透感的空间网络体系。在调节景观的同时，为内部庭院创造隐私和亲密感，体现了宋代山水画中的"透视转换"技法，旨在使游客积极探索园林的景致。另外，以拙政园的白墙为背景放置的一组片石假山更是独具匠心，这种"以壁为纸，以石为绘"别具一格的山水景观，凸显了清晰的山林轮廓和山水剪影效果，利用岩石来表达层次感，让人联想到中国传统水墨画中的隐喻性。贝聿铭根据对吴地文化、姑苏城市文脉和历史的深刻理解，从吴地文脉中提取设计符号，以简约的设计语言完成苏州博物馆的设计。贝聿铭的设计既通过传承姑苏文脉气息与世界文化遗产拙政园和谐融合，又以建筑材料、结构细部等方面的创意设计为整个区域注入了新的生命力。

（4）灵感来源于功能

景观设计的初衷是以人为本，人在环境中的行为及需求直接影响设计师前期对于场地的构思。人在环境中的行为具有多样性，休憩、娱乐、社交和健身等行为对空间有着不同的需求，这些都会在景观形象和空间中形成相似或者具有差异性的外部特征。

"绿道中的红折纸"项目（见图2-80）位于河北省迁安市，该项目将装置艺术和户外家具与绿道相结合，使绿地充满生机与活力。项目设计的核心内容是通过一系列"红折纸"环境装置和户外家具，整合座椅、步道、自行车棚等户外设施，为居民提供游憩和互动的城市"前厅"，营造灵动而活泼的体验场所。

迁安有"北方纸乡"之称，迁安造纸业始于明朝永乐年间（1403—1424）。中国北方最早的一家机械造纸厂诞生于迁安市，其中最具特色的是迁安的剪纸，又称刻纸、窗花或剪画，这一传统艺术始于清末。基于城市的上述社会文化背景，土人设计团队将"红折纸"作为设计主旨，通过统一的设计语言整合多样的功能，使其满足诸多的场地功能需求，同时具有视觉上的艺术感和形式感。环境装置选用玻璃钢作为主要材料，这种材料有纸的属性且可塑性强，装置造型是将户外家具和公园设施整合在折纸空间中，包括荫棚、雨亭、坐凳等，形成一条连续的装置艺术品。环境装置与贯穿的木栈道相结合，构成一条多功能的体验走廊。

"红折纸"环境装置将红色作为主色调，以区别于周围的自然景观，搭配浓密的柳树枝叶，地被植物是浓密的野菊，在不同季节，"红色的折纸"处于不同色调的环境背景中，展现出不同的体验感。清晨，缕缕阳光透过柳荫，伴随着唢呐声，孩子们沿着木栈道兴奋地奔跑着，穿越曲折多变的空间，"红折纸"空间

图 2-80　绿道中的红折纸 / 土人设计团队

【成都国际时尚
产业园】

【胡同泡泡】

为人们创造了一种欢乐的场所感。从早到晚，有拍照的模特、遛弯儿的老人、遛狗的女人等不同的人群来到"红折纸"空间，展现出丰富的城市生活，并使日常的生活环境具有了艺术氛围。

（5）灵感来源于历史

景观不应只是功能与形式的堆砌，要有强逻辑性与故事性，在形式与意义间构建桥梁，让体验者在空间中与历史时空交融共鸣。对于一些特定类型的景观，例如，纪念性景观，是设计师运用物质性或者抽象性的设计方法，帮助体验者在进入空间、阅读空间和感受空间的同时，与过去的历史时空产生交织和共鸣。

抗日战争最后一役纪念馆（见图2-81）位于高邮市的"公园礼堂"，与高邮市烈士陵园、人民公园、老年大学、老政府办公楼等建筑混合在一起。整个项目分为红色主题区、古城风貌区及绿地公园区，设计主题强调"行进过程体验感"，以"伤痕"为构图手法，通过空间的氛围变化突出"最后一役"的概念；通过诠释战争历史过程，引导体验者对战争带来的伤痛进行更深层次的反思。

"追忆之痕"位于主入口广场，设计采用耐候钢板墙围合形成的道路，象征抗战道路的艰难曲折。同济大学建筑设计研究院的设计团队采用景观叙事的主题设计方法，将抗战道路上的耐候钢板墙设定为十四片，象征着十四年抗战，结合墙上的叙事铜雕，用一幕幕的主题故事重现抗战进程中的重要历史节点。设计团队根据环境心理学的原理，随着道路逐渐向下，将钢板墙由宽变窄，使得空间氛围越发压抑，着重渲染了抗战历程的艰险，同时也为进入最后的高潮空间——胜利广场做好心理铺垫。

体验者沿着曲折而狭长的抗战道路走到尽头，循着光线拾级而上，终于到达豁然开朗的胜利广场。胜利广场一角高耸的胜利火炬雕塑，象征着十四年抗战终于迎来胜利时刻，之前抗战进程中积聚的悲愤、压抑等情绪在此彻底释放，空间的高潮部分也随之到来——宽广的镜面水池倒映着抗战最后一役纪念馆（日军投降处）。平静的镜面倒影传达出以史为鉴、止战之殇的设计理念，仿佛抚平"追忆之痕"中的战争伤痛，人们在经历了一幕幕战争浮雕后，不禁感叹十四年抗战的最终胜利是由无数先烈用鲜血和生命换来的。

（6）灵感来源于自然

匠心独运的设计热爱自然、模仿自然、进而再现自然，创造出丰富多彩的园林景观，实现至高至美的理想境界。自然界是灵感的源泉，从自然界的山水中

图2-81 抗日战争最后一役纪念馆/同济大学建筑设计研究院

【课程作品集
张梦瑶】

【武汉和平坊】

去寻找灵感，在设计中再现自然意境。

上海辰山矿坑公园（见图 2-82）位于上海辰山植物园的中心，占地 4.26 公顷，辰山矗立于园区，海拔近 70m。20 世纪初至 80 年代，由于采石形成了两个东西向的采石场，辰山的生态植被已被破坏。山体被勘探和挖掘到地面后，西边的采石场留下一个深潭。本项目计划以西面采石场为中心，建设一个精致且极具特色的矿坑公园。辰山在历史上是该地区著名的旅游胜地，有八个著名景点，被称为"辰山八景"。该项目包括对废弃的采石场进行生态修复，并根据场地现状和传统文脉，恢复"辰山八景"之中的 5 个经典景点。

矿坑公园作为辰山植物园的核心景区之一，设计团队将严重受损的采石场改造成一个生态友好型的公共开放空间。设计团队根据采石场独特的空间形式，想为游客营造一种独特的空间体验。此时，设计团队面临诸多挑战，首先要思考如何修复严重退化的生态环境（场地的植被覆盖率较低，岩石风化和水土流失严重）；其次如何充分挖掘和利用矿坑遗址的景观价值。在过去的 20 年里，场地被完全遗弃，深潭被围起来无法进入。因此，重新建立采石场与人的互动关系，成为设计团队要思考的重要问题。

矿坑公园在充分的场地分析基础上被分为三个部分：镜湖、亲水平台和深潭。根据不同的区域条件，设计团队采取不同的设计策略修复采石场的景观。首先，设计团队采取最小干预的设计策略改造后工业景观，最大限度地保持矿坑具有石头质感的自然风貌，尽量避免人工痕迹，采用耐候钢板墙、毛石荒料营造往昔的工业时代氛围。其次，设计团队借鉴中国山水意韵，设计立意源于中国古代"桃花源记"的隐逸思想，利用现有山水条件，布置瀑布、天堑、栈道、水帘洞、山体皴纹，营造具有中国山水画的形态与意境。

【课程作品集
刘俊秀】

图 2-82　上海辰山矿坑公园 / 清华大学朱育帆

（7）灵感来源于意境

意境一词最早出现于王昌龄所作的《诗格》中："一曰物境，二曰情境，三曰意境。"意境是中国古典园林的灵魂，园林景观中空间的营造帮助游客触景生情，达到情景交融的境界。园林造就的意境，是生命体现自己本体之外的一种勃勃生机的思绪，它使人心旷神怡并与自然相通，使自然升华为富有诗意的境界。

安吉花海竹廊（见图2-83）位于余村入口的道路上，这是一条穿越花海的观景之路。由于缺少停留和观赏体验的场所且没有遮阴，这里的美丽景色常常被人忽略。"画竹诸家问老夫，近来泼墨怕模糊。一干疏枝兼淡墨，挺然断不要人扶。"方案以中国传统的墨竹绘画为灵感，取竹枝轻舞之意象。设计团队利用竹子来连接道路，打造了一个舞动的竹廊，加强游客与场地的互动。由于路边做基础的地方有限，所以采用了较薄的网壳结构，并附上竹梢遮阴，在节点处适当开了几个天窗。为了让游客体验到中国古典园林中的一收一放、一暗一明，设计团队将入口处设计得低矮狭窄，前行数十步，眼前豁然开朗。长廊探入花田的"竹枝"设置有座椅，供游客休憩停留。"竹枝"洞口犹如景框，将人的视线引向优美的风景。设计团队发挥竹子柔韧耐弯的优势，屋顶自由轻松的曲面形态与余村绿

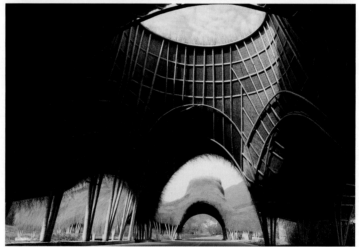
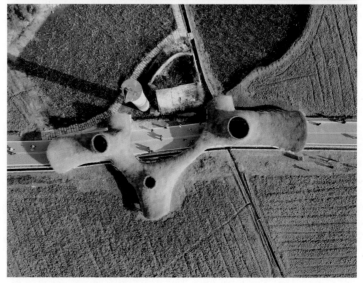

图2-83 安吉花海竹廊／北京林业大学

水青山的优美自然环境完美契合。"竹枝"交叉处顶部抬高为圆形采光口，打断了封闭的屋顶界面，同时让阳光、空气和雨水进入，模糊内外边界。烟雨朦胧之时，仿佛可以看到竹影摇曳，游客穿梭于其中，将这些松散的竹影联系在一起，让人充分感受到意象之美。

在过去，中国的古典园林大多是静态景观，设计师大多以景寓情、以景明志，而在此次设计中，设计团队致力于打造动态的园林景观，当人们穿梭于竹廊之中，一步一景，充分体现了古典园林独特的空间体验，作为花中四君子的"竹"又饱含诗意和自然之感。这种意境之美又不失现代感，是自然和人类智慧魅力的集中体现。

3. 理性与感性的交互分析

随着景观设计的发展，其涵盖的基础主要有美学、科技、自然和人文4个方面。在现代景观设计过程中，需要综合考虑各个方面的因素，用最合适的设计方案解决复杂问题。因此，通过场地调研与分析，激发灵感进而形成设计概念变得尤为重要。

在景观设计领域，英国规划师、教育家盖德斯最早提出"调查 – 分析 – 设计"模式，并首先应用于景观设计领域。随着该理论模式的逐步完善，设计师将理性分析与感性直觉作为核心要素融入其中，场地调研与设计创作一方面来源于设计师对外部空间的客观认知，另一方面来源于设计师对外部空间的主观感受。正如建筑设计师路易斯·康所说，"伟大的建筑必定始于不可量度，必须经过可量度的设计过程，最终完成不可量度"。景观设计亦是"可量度"的理性分析和"不可量度"的感性直觉共同作用的结果。现代景观设计的调研模式强调对场地现状和适用人群的行为活动进行调研和分析，经过理性判断和感性认知的反复迭代，实现"创造性跳跃"，完成灵感生发。

（1）渐进式的理性调研分析

大一新生初次接触景观设计，对于场地感受处在朴素的感性直觉判断阶段。学生通过对校园4处不同的景观空间进行调研与分析，逐步建立起理性分析的主要因素与设计概念之间的转换关系。理性分析并非线性思维，而是需要不断地发现并解决问题的循环过程。大一新生往往无法建立调研成果与设计概念之间的内在联系，故需要经过多次调研分析的训练，渐进式地熟悉并掌握理性思维。

（2）突破感性障碍的灵感生发

正如前文所述，景观设计的灵感生发过程并非流程式的，进行"场地调研→场地分析→设计概念"的流程化思维，即充分翔实的场地调研分析，并非灵感生发的必要条件。设计师需要基于场地的调研分析报告，产生一次思想上的"创造性飞跃"。创造性的灵感是整个设计的内核所在。在教学过程中，需要不断鼓励学生从前期纷繁复杂的调研信息中，抽丝剥茧地寻找有价值、可塑性强的信息，激发自身的创造性灵感。詹姆斯·亚当斯提出创造性思维的四大障碍，即感知障碍、情感障碍、知识障碍和表达障碍。学生首先需要克服感知障碍，对场地虽有感性体验，却很难将自己的感受进行可视化表达，如何将自己的感受进行转译，形成图案或文字，则需要克服表达障碍。

（3）理性与感性交织的思维导图

思维导图作为一种思维表达媒介，是辅助人们进行心智提升和大脑开发的学习工具。它利用人脑处理信息的特点，通过关键词、短语或短句，将整体信息进行层次分明的归类整合，系统性地阐述观点。20世纪六七十年代，托尼·博赞提出思维导图和发散性思维的概念，将人脑的所思所想进行视觉可视化的表达。思维导图主要应用于理性思维、创造性思维、思辨性思维、书面报告和演讲等领域。通过刺激性的发散性思维可以提高思维的敏锐性。思维导图让人的思路更富有逻辑性和关联性，具有可回溯性，并有助于复盘总结。

2.4.2 设计概念产出与深化

1. 任务发布

本课程的概念模型主要以景观装置为主，其主题可从前期思维导图所关注的教育、生态修复、文化景观等3个设计主题中任选其一。

设计主题为教育、生态修复、文化景观等，学生根据前期调研和分析，创造不同的表现形式，形态不限，材质不限。完成3个概念模型，对这3个模型进行描述、分析、拍照、光影研究等，分析3个概念模型所表现的设计思路。根据第一阶段制作的概念模型，选择其中1个或者3个进行融合，尝试将模型转化为场地内的景观装置。

根据第二阶段制作的概念模型，研究分析学生制作的所有模型，从场地功能和布局方面，尝试将景观装置与场地的设计概念有机结合，形成可行性的设计概念，完成设计概念的思维导图。

学生通过思维导图厘清设计概念，将不同的设计概念和抽象草图整合在一起，进行思辨性分析，从而提出具有可行性的设计概念并进行深化。

学生根据前期调研分析，列出场地的问题清单，选出2个主要问题作为设计目标。根据教师提供的景观设计清单，学生从中选出3个设计子目标作为场地问题的解决方案，并通过案例分析论证设计子目标的可行性。

学生依据场地的主要设计目标及3个设计子目标绘制思维导图，该思维导图以主要设计目标为基础，展现其与3个设计子目标间的关系，并细化各设计子目标的具体设计方案。

2. 概念模型工作坊

概念模型的探究作为概念深化中的重要环节，设计师需要突破二维平面表现手法的局限性，从三维空间的形式上对设计概念尝试不同的可能性。在模型探索过程中，设计师体验不同的设计概念的形体、光影和结构布局等，从而完善整体设计构思。

（1）从二维空间进入三维空间

模型制作根据设计师的设计思路和草图进行实践性探索。设计草图由不同表征的图形构成，以二维图形表现，再通过设计草图制作概念模型的过程，为设计者展开三维空间的探索。

（2）理性与视觉思维的思辨结合

概念模型作为实体的存在，帮助设计师从整体到局部、从宏观到微观，对设计草图进行推敲。这可以激发设计师的创造性思维，论证设计概念的可行性。

（3）延展设计概念的更多可能性

在设计概念阶段，设计草图往往是抽象的勾勒。制作概念模型能帮助设计师厘清设计思路，摒弃不切实际的概念，在制作模型的过程中，探索不同的设计方向，最终用概念模型呈现理想的设计概念。

在概念模型工作坊，学生可以尝试不同的材料、颜色、结构、形式等探索设计概念。在模型制作过程中，学生通过空间的不同形式去探索、分析人在不同环境中的体验，并通过简单的抽象模型将局部空间放大，探索模型的局部空间形式。

概念模型 1 设计说明：这是一个集观赏性和功能性为一体的景观构筑物，该模型由若干个大小不一的立方体组成，学生从各个方面考虑空间与自然的融合，给人们更好的使用体验，同时也注重模型的三维层次分布。该景观构筑物位于场地中心位置，旨在打造一个综合健身娱乐活动空间。将场地绿化与景观构筑物有机融合，既能够满足人们休闲娱乐的需求，又能改善场地生态环境（见图 2-84 ）。

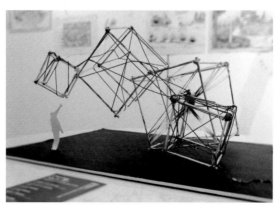

图 2-84　概念模型 1/ 黄晨希

概念模型 2 设计说明：该模型以灯光、构筑物、休息设施为三大主要构成部分，其中白色的构筑物象征纯洁，同时也承载着对美好生活的期待与希望。夜间，当蓝色的灯光照射在整个景观构筑物上，会展现出一种独特的艺术个性。景观构筑物的休息设施采用白色大理石搭配黑白相间的长方形石板铺设道路，给行人带来独特的视觉体验（见图 2-85）。

概念模型 3 设计说明：该模型主题为"血脉律动"，主要运用热敏性 PVC 材料塑造出强观赏性的景观构筑物模型。该作品旨在表达对个体社交活动及现状的思考。通过不规则弧形层面的非线性对应，表达社交生活中的不确定性，红线表达个体之间涌动着的如血液般的关系。该作品以东方含蓄化的表达探索个体内心的情感，白、绿、红三种色彩交织，循环波动的形态产生自然与个体内心的回响。该作品旨在通过循环的方式表达对负能量的消弭（见图 2-86）。

概念模型 4 设计说明：该模型是一座木质结构搭配磨砂玻璃的景观构筑物，作为校内的教育景观，为师生提供作品展览场所，并可作为小型室外教学与团建活动的区域。作品通过光和木的自然属性，与周围园林景观共同营造回归自然的美好氛围。此外，该模型使用木梁搭配斜边的复合构型，加上不同排列组合的木梁搭配形状各异的磨砂玻璃，实现轻盈而连续的起伏覆盖，让人们能够充分感受场地的独特氛围和景观构筑物的通透性（见图 2-87）。

图 2-85　概念模型 2/ 王梦雅

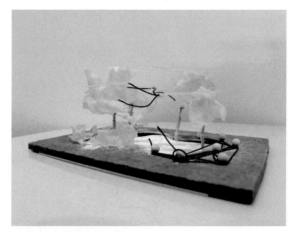

图 2-86　概念模型 3/ 刘彩仪

概念模型 5 设计说明：该模型采用海绵城市的设计理念，结合场地的地形，在场地中形成一个下沉式绿地。在绿地运用环保材料模仿石头的造型，中空的框架结构中心可以排水，解决场地的积水问题。作品与周围的自然石头相呼应，木质汀步上面的镂空框架在不同时间的日光照射下，形成不同的阴影效果，空心构筑物模型在不同时间段，映照在四周的光影也各不相同。四周的半围合结构划分周围绿地，使景观构筑物与绿地有机融合，体现场地生态修复的设计理念（见图 2-88）。

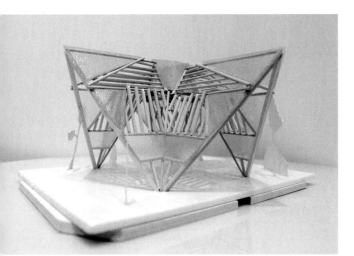

图 2-87　概念模型 4/ 聂榆

图 2-88　概念模型 5/ 周俊彦

3. 一对一辅导

在"灵感生发"的整个教学过程中，教师每周会与学生进行至少两次的一对一辅导，同时鼓励学生积极主动地与教师进行沟通，提高学生自驱性学习的能力（见图 2-89）。在教学过程中采用指导过程记录表的形式，帮助学生及时记录一对一辅导信息，培养学生记录问题的习惯，锻炼学生思辨性思考的能力（见图 2-90）。

答疑记录

学生问题：在探索概念模型功能形式的过程中，如何将概念模型的抽象形式转化为场地的景观构筑物，并与整体设计概念相适应？

图 2-89　一对一辅导现场

教师指导过程记录表

模块名称：	姓名：	班级：	学号：
时间	内容（包括与教师沟通内容及教师针对个人的下一步安排）		

时间	内容	教师签名
第一周	老师给我们介绍了环境设计这个专业，让我们对它有所了解。	胡沖东
第二周	让我们对自己所在的场地进行了自己的五官感受，深入了解场地，进行考察。	胡沖东
第三周	对自己的场地继续进行考察，对场地进行测量，完成相应的平面图。	胡沖东
第四周	通过对场地的测量，和自己对场地的理解，将自己的想法通过文字的形式来表达。	胡沖东
第五周	对场地进行更深入的考察，让自己对场地的设计产生初步的想法。	胡沖东
第六周	让自己的设计方案详细地表述出来，通过老师的讲解进一步改进方案。	胡沖东
第七周	以场地为中心，进行范围更广泛的考察，通过视频、照片的形式表达。	胡沖东
第八周	设计问卷调查及追踪调查表，对场地的人流进行调查、记录、总结。	胡沖东
第九周	对上周的各种表格以小组的形式进行汇总，并进一步改进自己的方案。	胡沖东

图 2-90　教师指导过程记录表

教师建议：

景观构筑物的概念模型与场地的设计概念存在差异，学生需要分以下几步展开设计实践。首先探索概念模型的抽象空间形式，选择合适的方案进行深化。其次针对场地设计概念定位概念模型的功能性，基于概念模型的抽象形式加入人与空间环境的互动，逐步细化景观构筑物的空间结构。最后根据总平面图的方案，将景观构筑物放置在合适区域，并修改景观构筑物周边的功能布局，使得设计方案更具有整体性。

2.4.3　总结与反思

1. 学生案例（一）

该学生作品评价为优秀，设计场地是尚美楼门前的草地，根据前期场地调研与分析，列出场地问题清单。经过对前期调研资料的整理分析，学生认为场地的主要问题是人与环境缺少互动。景观构筑物的设计灵感来源于法国卢浮宫前的玻璃金字塔，玻璃的覆盖使其建筑结构鲜明、生动、新颖，在阳光下产生光的反射具有强烈的视觉感染力（见图 2-91）。

玻璃的透光性利于绿植的光合作用，为其创造了良好的生长环境。二层平台的走道可以俯瞰满园植物，随季节变化会产生不同的效果，无论春夏秋冬都能令人获得愉悦的视觉感受。

图 2-91　概念模型 / 曹润泽

因此，学生将"创造一个人与动物和谐相处的空间"作为设计目标。学生从生态系统、社区空间和教育景观三个方面进行设计概念探索，进而提出"改善生态环境，增加场地的互动性与趣味性，为人与动物提供既彼此独立又有互动的空间"作为设计概念（见图 2-92、图 2-93）。

图 2-92　空间形式拼贴 / 曹润泽

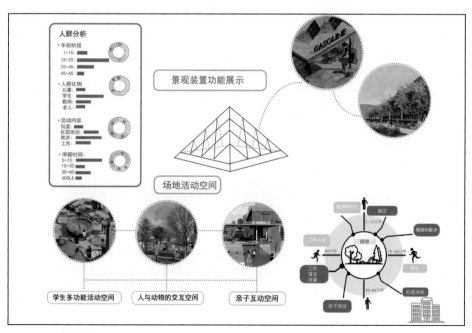

图 2-93　设计思维导图 / 曹润泽

教师评价：

学生基于灵感来源的探索路径，结合前期场地调研的场地功能、历史文脉和适用人群等方面，综合分析场地现状，罗列场地问题清单，确定场地主要问题。学生运用木质材料制作概念模型，探索空间形式，并将概念模型的设计理念与场地的设计概念相结合，进一步深化设计方案。根据设计目标，学生绘制设计思维导图，将设计目标分解为 3 个子目标，并结合设计案例思考具体的设计任务，最终形成具有可行性的设计概念。

2. 学生案例（二）

该学生作品评价为良好，学生根据前期调研与分析，列出场地问题清单。经过对前期调研资料的整理分析，学生认为场地的主要问题是可达性差和缺少社交空间。基于场地主要问题，学生提出将"完善场地开放与半开放空间的平衡"作为设计目标。学生的概念模型是使用木条材料制作，摆放在尚美楼正前方的草坪上，当阳光从模型上穿透下来，给整体带来独特的视觉效果（见图 2-94）。概念模型的下沉空间展现了多样性，不仅可以在下沉空间的楼梯上休息，而且可以举办小型的艺术展览和沙龙，还可以进行互动交流。学生从文化景观、生活福利空间和动物栖息地 3 个方面展开设计概念的探索，最终建立开放性的绿化带，以完善社交互动的空间（见图 2-95）。

教师评价：

学生结合前期场地调研的场地功能、植物分布和适用人群等方面，全面综合地分析场地现状，确定场地主要问题，并有针对性地探索设计概念。学生运用木质材料制作概念模型，强化下沉空间的开发利用。根据设计目标，学生绘制设计思维导图，将场地空间分为开放与半开放空间，满足不同人群的需求。但景观构筑物与整体设计方案的空间形式结合度不足，景观构筑物与场地周围环境不协调，仍需要继续改进设计方案。

图 2-94　概念模型 / 李诗

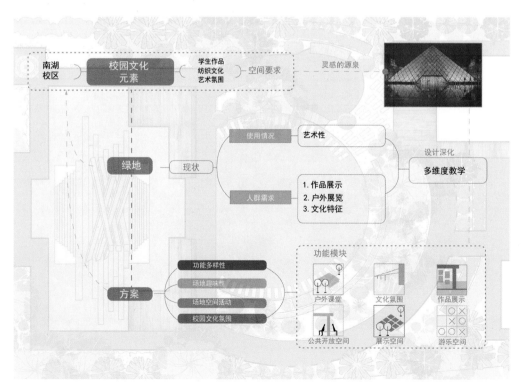

图 2-95　设计思维导图 / 李诗

2.5 项目五：改造场地
——设计方案产出与表达

项目五的任务主题是设计方案产出与表达，学生需要根据项目四的灵感生发探索的设计概念进行深化，完成整个设计方案，包含分析图、平面图、剖面图和透视图。其中分析图作为设计过程的浓缩，既要体现场地调研时对适用人群"以人为本"的关怀，又要在设计概念中展现社会责任感，并贯穿于设计的全过程。学生结合平面图、剖面图和透视图将设计概念完整地进行表达，并形成设计作品集。

学习目标及要求：学习制图规范，掌握分析图的构思方法，灵活处理图像与文字的关系，创作富有想象力的作品集；多样化展现分析图的表现形式，掌握运用分析图有效阐述场地调研的能力，统一作品集的字符和配色，保证作品集视觉效果的一致性。

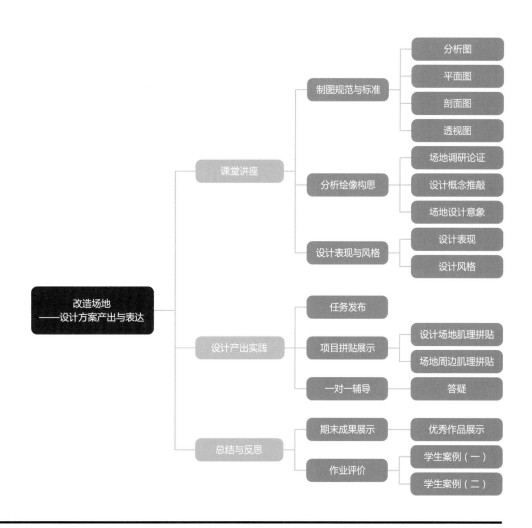

2.5.1 课堂讲座

一个完整的方案需要经历3个阶段，分别为调研分析、设计概念、设计产出，基于前期的场地调研分析及设计概念生成，在设计产出阶段学生需要思考如何规范地展示设计方案，以及如何在图纸上视觉化地表达设计方案。本章节主要帮助学生了解制图规范和视觉表现方法，教师在授课过程中以"讲座 – 任务发布 – 工作坊"的方式为主，学生根据讲座中的理论指导，规范地完成图纸绘制，并通过不同的视觉化表现手法展示设计方案。课程初期，教师通过讲座介绍本章相关知识点并发布相关任务，学生完成相关任务后，教师进行阶段性点评。

1. 制图规范与标准

展示设计方案是设计师在讲述自己设计过程的叙事，其中有设计背景、转折、高潮和结果，而且叙事要紧紧围绕着学生的设计主题。如何讲好故事是每位学生都需要深入思考的，而制图图纸作为故事中的插画，能够帮助读者理解叙事内容，所以学生需要了解制图图纸的类型及绘图过程中的规范与标准。本章节将详细介绍规范性图纸的具体要求，即分析图、平面图、剖面图和透视图的相关定义。除此之外，教师还会引导学生探索丰富的设计表达形式，如材料、肌理、拼贴等，学生通过自己不断的探索，最终确定合适的材料、肌理及配色，并运用到设计方案的表达中。

设计图纸可以辅助设计师更好地阐述自己的设计方案。在景观设计项目汇报和审核当中，我们需要提交的图纸包括项目分析图、平面图、剖面图和透视图。

（1）分析图

分析图是为设计项目内容服务的，围绕前期调研、设计概念及主题进行阐述和展开。景观分析图一般包括场地区位分析、现状分析、地形地貌、气候环境、场地肌理、流线分析、景观视线分析、景观利弊分析、设计策略分析、节点分析、功能分析等。

（2）平面图

平面图是把区域内的地面景物沿铅垂线方向投影到平面上，按规定的比例缩小构成的相似图形。我们通过平面图了解设计方案的总体规划和布局，但是对于一些细节和地形的差异，则需要通过其他的细节图纸进行补充说明。

（3）剖面图

假设用一个或多个垂直于场地的铅垂剖切面将场地剖开，所得的投影图，简称为剖面图，剖面图主要用来表达场地的高差变化。

（4）透视图

准确地将三维空间的景物描绘到二维空间的平面上，这个过程就是透视过程，运用这种方法在画面中表达出来，即透视图。景观设计中，比较常见的透视图是鸟瞰透视图和人视角透视图。画透视图，首先需要确定画面中的灭点位置、视角方向和透视角度。同时，透视图角度的选择应充分展示其设计概念和意图。

除上述的相关定义之外，仍有部分制图的图纸原则需要补充（见图 2-96）。在图纸制作过程中，每一类型的图纸都要有明确的标题，告诉读者图纸表达的主要信息，如某某项目总平面图，总平面图中必须注明标题、指北针、比例尺、图例。剖面图也必须有比例尺，并且应在平面图中明确地标明剖面线的位置及剖切方向。针对部分图纸的信息需要进行详细展示，学生可以使用各种符号或颜色来进行补充说明，辅助读者进一步详细地读图。

Title
标题

告诉读者图纸的类型，以及想要表达的主要信息，比如某某项目总体平面图。

North Arrow
指北针

Scale or Scale Bar
比例尺或者线段式比例尺

比例尺是表示图上某一线段的长度与场地对应线段的实际长度之比。

Legend
图例

图例是集中于地图一角或者一侧的地图上的各种符号和颜色所代表的内容与指标的说明。

图 2-96 标题、指北针、比例尺、图例 / 胡沛东

2. 分析绘像构思

在当今社会、经济发展的背景下，景观要素的多样性与关联性日趋复杂，景观设计需要考虑的因素也越来越多。传统的制图方式在当今复杂的景观设计与表达中已难以满足设计需求，为了解决设计痛点，当代的景观图绘表达形式日趋多样与综合，不仅仅是单要素的分析与表达，而是基于景观要素之间复杂关系的认知与设计。在场地分析的过程中，需要不断对不同层面的地图信息和其他社会人文信息进行重合比对，在每一次比对过程中，还需要不断提炼新的信息或者作出相应的调整，这个过程称为分析绘像。

【武汉中山大道】

荷兰建筑师韦尼·马斯和巴特·卢茨玛等人强调，分析绘像是将所有可能影响设计的可观测因素进行可视化的"数据景观"，即客观数据与主观性相结合。莫拉比托将手绘、印象速写、涂鸦等多种表现手法相结合，运用象形、表意等形式探索挖掘场所特征及深层意义。中国的设计教育近些年也加快与国外交流，华南理工大学何志森提倡以"人的尺度"进行跟踪观察，将教学与实践相结合，通过工作坊形式介入社区营造。然而，表现形式的多样与随性也会给教学实践带来一定的困难，分析绘像是一种依赖主观想象和灵感的艺术创作，构图复杂、元素繁多。这导致设计师与读者更多地关注视觉表现，而容易忽视其表达目的与内在逻辑。因此，学生需要深入研究分析绘像在复杂环境中对景观的认知与设计逻辑。

分析绘像根据场地调研分析的顺序可以分为 3 部分：场地调研论证、设计概念推敲和场地设计意象，展示场地问题分析→设计概念探索→设计方案推敲的全过程。

（1）场地调研论证

在前期场地调研中，学生需要探索场地及场地周边的区域。分析绘像表现形式包括区位分析、城市肌理、基底分析、流线分析、文脉分析等诸多显性与隐性的要素分析。学生在进行分析绘像构思时，首先要根据设计场地的特点，选择强相关的场地要素展开分析；其次学生在收集场地的多种要素后，尝试挖掘场地不同要素之间的内在关联性，并进行视觉可视化表现；最后场地调研分析应有侧重点，整体构图要突出场地存在的主要问题，让读者一目了然。

2021 年，臧世伟和冷少东的设计项目"虫涝疫病问题下的广州石围塘火车站及其城中村改造设计"，整体的叙事视角从世界地图到场地区域，从全球性的登革热病展开，探讨登革热病毒肆虐引发的深层次问题，如生态问题、文化问题、经济问题等。通过场地现状的拼贴对内涝疫病、工业遗址衰败和业态经济下行等重点问题的分析，视觉化地阐述场地面临的困境。

在场地现状的构图中，作者以场地肌理和数据图表为主要表现形式，分析场地的建筑、道路、人流、土地利用等问题，并结合设计思维导图阐述登革热病毒的传播方式和生存环境，通过叙事拼贴全景式展现了火车站运货量在近百年的发展历程。作者通过对场地周边要素、数据分析、历史发展等方面的调研，全面分析了场地问题及成因（见图2-97）。

（2）设计概念推敲

设计概念要根据前期场地问题的调研展开探索，以问题为导向，在设计概念的推敲中，展示整个设计思维过程，包含灵感、模型和功能形式的探索。概念生成是由场地元素出发与设计概念相结合，而模型在推敲过程中需要尽可能探索其不同的可能性，多角度、全方位地展示思考碰撞。

设计师通过场地调研，了解该区域场地因地势低洼，在受到暴雨极端天气的影响下，极易造成内涝积水，积水是登革热病毒传播的介质。通过场地的区位分析展示城中村的重要节点，并标注场地节点与城市内涝的相关性，运用照片拼贴展示场地积水的形成过程。作者绘制场地节点的轴测图，形象地阐述了场地积水与疫情暴发次数之间的关系。接下来，作者绘制石围塘火车站及周边环境的剖面图，显示场地地势低洼、排水设施老旧，致使雨天内涝问题日趋严重。

作者根据场地调研现状，提出从生态、文化和经济3个方面进行治理，并绘制逻辑清晰的思维导图阐述设计策略。设计目标主要针对由于积水导致的登革热疾病及工业衰败导致的当地居民不良的居住环境，在生态方面主要通过海绵城市和雨洪管理对蚊蝇进行有效治理，打造韧性景观公园，营造丰富的亲水景观，改善当地积水和蚊蝇滋生现状（见图2-97）。通过改造废弃铁路和周边的工业遗址，设计线性的多功能景观空间，加强当地特色经济优势，鼓励城中村居民和外来商旅进行集市共建，振兴当地的茶叶经济并带动当地的文旅商机。

（3）场地设计意象

在设计概念探索的基础上，深化设计方案的具体细节，学生可以对设计方案的功能、流线、植物等元素展开分析，与设计之前的场地现状进行对比。学生可以采用拼贴、插画等形式绘制场地的意象图，展示未来场地的特征。

2019年，北京林业大学风景园林规划设计研究院设计规划大同古长城文化遗产廊道，总体规划建设一条长258km、面积186km^{2}的线性文化遗产廊道，可以实现遗址保护、生态修复、文化旅游恢复、乡村振兴等多重目标。设计团队以德胜古城为例绘制风景区鸟瞰图，通过恢复自然地形地貌建立起地域性的植被群落，建立包括观光步道、休闲娱乐设施和餐饮住宿空间等在内的景区服务和讲解系统，并配备导游和文化自然科学的科普设施。

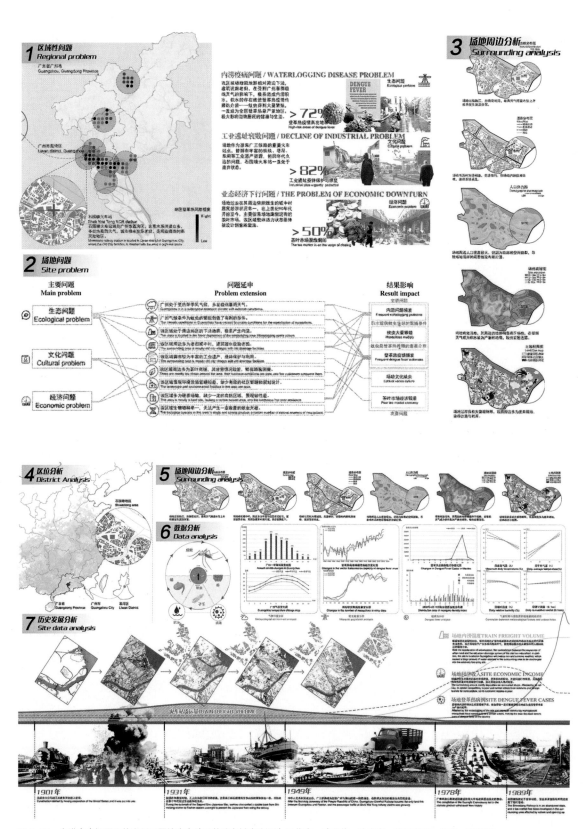

图 2-97　虫涝疫病问题下的广州石围塘火车站及其城中村改造设计 1/ 作者：臧世伟、冷少东；指导老师：师宽、张鸽娟

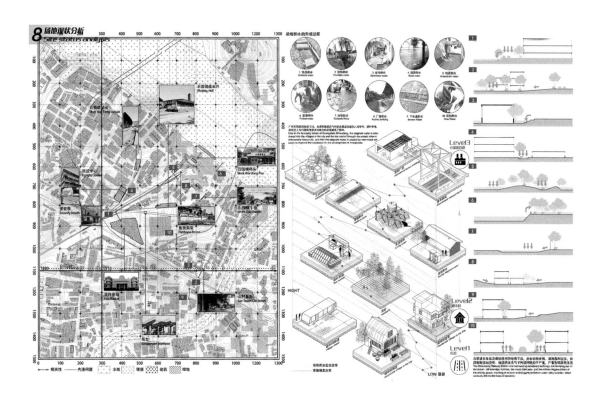

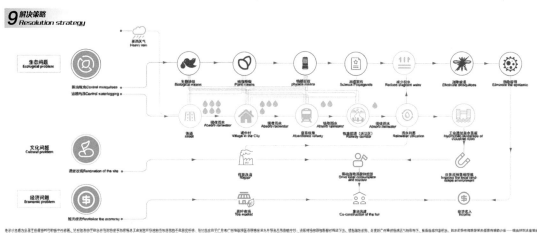

图 2-97　虫涝疫病问题下的广州石围塘火车站及其城中村改造设计 1（续）/ 作者：臧世伟、冷少东；指导老师：师宽、张鸽娟

设计团队绘制了生态环境恢复后的意象图，区域内所有服务设施的布局、材料、颜色和形式等，都参考了长城及其周边地区的环境，从而与遗址区和谐地融为一体。此外，总体规划还引入了增强现实技术来重现古长城茶马古道的历史场景（见图 2-98）。

3. 设计表现与风格

（1）设计表现

图纸表现的意义在于展示空间环境的效果和氛围，给读者更多的想象空间和参考价值。景观类设计图纸和建筑类设计图纸既有相似之处，

图 2-98 大同古长城文化遗产廊道 / 北京林业大学风景园林规划设计研究院

又有本质上的差别,其相似之处在于展示设计的预期成果,其差异在于建筑类设计图纸无论是近景还是远景都关注建筑本体,而景观类设计图纸更多的是在展示设计概念。在图纸表现的过程中,我们应该遵循重点突出、氛围渲染、层次清晰和效果统一这 4 项原则。

在广州石围塘火车站及其城中村改造的案例中,作者选择类比效果图作为表现主体,通过晴天和雨天的对比展现将雨水排入生物滞留池中防止蚊虫的扩散,并结合驱蚊的动植物遏制蚊虫的繁殖,从而隔绝登革热病毒。作者结合雨洪管理的措施改造火车站的工业遗址,将场地暴雨产生的积水引导回收,营造亲水景观,带动当地经济的发展(见图 2-99)。

图 2-99 虫涝疫病问题下的广州石围塘火车站及其城中村改造设计(2)/作者:臧世伟、冷少东;指导老师:师宽、张鸽娟

（2）设计风格

① 写实风格（见图 2-100）。这种风格的效果图给人的感觉非常真实，与实景非常接近。设计师常常通过软件（如 Lumion、Vray、Enscape）直接导出，在具体的项目中经常用到。这类图纸过于商业化，缺乏艺术气息，所以建议同学们去探索更多的表现手法，找到适合自己的风格。

② 拼贴风格（见图 2-101）。拼贴也称为 Collage，是将多种元素相互叠加或以局部拼凑的方式，组合成一种极具艺术感的效果。通过拼贴的手法来表现一个场景、一个故事以及一种逻辑，设计师可以使用照片、手稿、模型等材料进行拼贴和重组。相较于传统的渲染风格，拼贴风格可以帮助设计者在短时间内创造理想化的场景，突出强调纯粹化概念。

图 2-100　蓝色珠子：动感的生态城市 / 作者：范彦兵；指导老师：黄宜瑜、莊士莹、沈同生、廖贤波

斧鏧广场

夜晚活动分析（未变）

斧鏧广场 效果图

　　夜晚，万鏧景墙上升，墙后植被再次被隐蔽，万鏧方石成片被严实遮挡，薄墙内推，玻璃格栅错位滑动后闭合孔洞。附近的居民晚饭后聚在斧鏧广场的方石、草坪上唠唠家常，四家纪念馆大门关闭，投影仅打到白墙上，成为居民的露天影院。

斧鏧广场

白天活动分析（已变）

认植小苑 效果图

　　白天，万鏧景墙下降，斧鏧广场的草坪外扩蔓延，墙后植被、可变外廊显现，人们在赏阅展廊薄墙外推后展现出的画作。在格栅写生平台下方，植物绘画爱好者支起画架，记录着玻璃格栅叠合滑动后的均等光斑与各种植被所产生的光影效果。小学生们跟着老师有序地进入认植小苑观察植物的不同姿态。

图 2-101　四景山水画苑－激活元宝心社区景观活力（1）/作者：陈崛楠、庞芊峰、吴凡、林雪华；指导老师：邵健

③ 插画风格（见图 2-102）。为进一步探索个人独特的风格，设计师尝试将绘画技法、配色、肌理运用到图纸表达中，也就出现了水彩风、水墨风、国风等表达形式，我们统称为插画风格。设计师需要根据主题找到合适的配色及素材来进行表达，同时平衡设计主旨和效果表现之间的关系。

④ 留白风格（见图 2-103）。留白风格的画面相对比较素雅。同时，画面中通过弱化或留白等表现方式来强调设计重点，并增加画面的层次感。

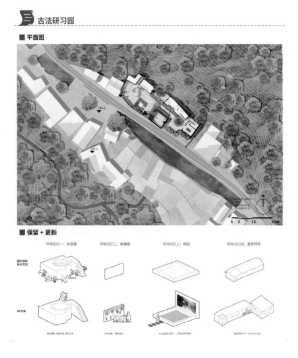

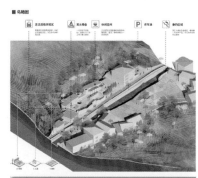

保留原有的古法造纸物件，对接学校的研习课程，通过交互式体验情景再现竹纸部分制作步骤，吸引学生前来研习参观。

沿着新二村的溪水沿线，可以开展元书纸的造纸实践、盖印、纸包装运输等相关活动。

图 2-102　元书纸·研习园 / 作者：邵雨沁、陈玺铭；指导老师：曾颖

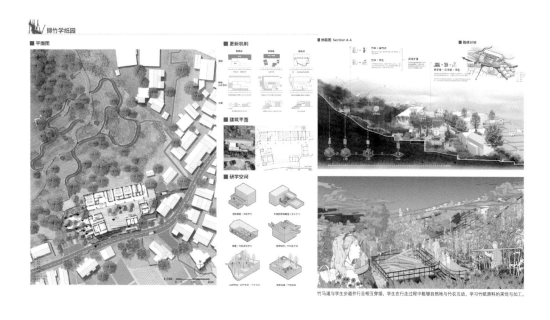

图 2-103　四景山水画苑 - 激活元宝心社区景观活力（2）/ 作者：陈崛楠、庞芊峰、吴凡、林雪华；指导老师：邵健

2.5.2 设计产出实践

1. 任务发布

在本课程的设计方案阶段，学生应完成个人作品集，其中包括分析图、平面图、剖面图和透视图。学生根据场地特征、设计概念等，选择合适的表现形式。

学生作品集清单如下。

① 1 幅场地区位分析图。

② 3 幅分析图（2 幅场地要素分析图，包括功能、流线、活动、植物、动物等；1 幅设计概念）。

③ 1 幅平面图（比例尺：1∶200、1∶250 或 1∶500）。

1 幅长剖面图（比例尺：1∶100）；1 幅局部剖面图（比例尺：1∶50）。

3 幅透视图（2 幅人视角的透视图，1 幅多种技法相结合的透视图，比如照片、手绘、模型）。

设计项目介绍：针对每幅图，学生用 1～2 句话阐述如何使用软件、材质、颜色、视角方向营造视觉效果以及想营造什么样的视觉效果。

【课程作品集
王芸查】

2. 项目拼贴展示

学生完成"前期场地调研→中期设计概念探索→后期设计方案产出"的手绘作品集，通过在学院展厅进行可视化的拼贴，加深了学生对场地的认知，厘清了调研分析的逻辑性。学生以场地为单位，分成 4 个小组，共同协作构思拼贴的整体布局（见图 2-104），这样既锻炼了学生的团队合作意识，也加强了学生之间的信息共享。学生在拼贴过程中，探索不同形式的效果，采用拼贴、墙绘、节点引线等表现形式，展现场地调研的不同元素之间的关联。

（1）学生案例（一）

尚美楼草地场地拼贴说明：场地拼贴主要分为 3 个部分，即场地探索、设计目标和效果图，并用青色虚线串联，以循序渐进的构图方式达到对场地的全面探索（见图 2-105）。场地探索部分是学生对场地地形、植被、功能、材料、流线等方面的探索，学生总结的场地特征如下。

① 场地地形平坦开阔，无起伏。

② 树木以刺柏、垂叶榕、卫矛、女贞为主。

③ 作为校园交通的重要节点，高峰期学生、教师及工作人员会经过此地，也常有附近居民在此散步；场地内设有国旗杆和景观装置供人打卡。

④ 校内流浪猫常在此地栖息玩耍，也有各种鸟类在草坪上活动。

⑤ 除水泥花圃和铁艺围栏外，该场地没有其他休闲区。

图 2-104　展厅拼贴过程

图 2-105　尚美楼草地场地拼贴 / 小组成员：曹润泽、史晓东、李诗、张梦瑶、王乐怡、李钰燕

在排版过程中，我们运用照片与手绘相结合的方式，使画面真实且具有趣味性；使用了真实植物叶片进行装饰，使画面更加有立体感。学生以场地探索作为基础，根据设计概念探索概念模型，将概念模型和场地融合为特色的景观节点，重塑校园文化。

（2）学生案例（二）

服装楼山坡场地拼贴说明：这是对场地环境调研与改造的拼贴，要改造场地，就必须对场地有足够的了解。学生从不同的考察角度对场地进行调研，对场地植物、动物进行分析，或是通过五感体验的方式，从触觉、视觉、嗅觉等方面记录场地内容（见图2-106）。在此基础上，学生尝试设计出自己心中理想的设计方案，从模型制作、材料选择、场地问题等方面进行细化，呈现出既富有想象力又具有可行性的多种方案。本次小组作业较好地锻炼了学生的协作能力、设计能力和思考能力，为今后的学习打下了良好的基础。

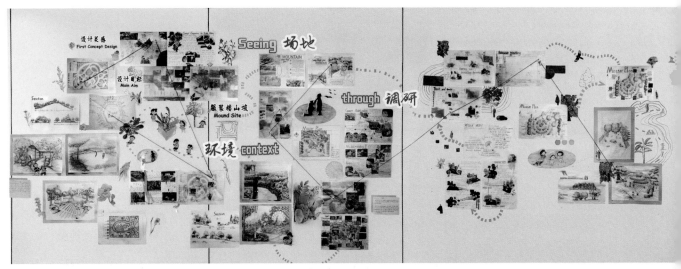

图2-106 服装楼山坡场地拼贴 / 小组成员：陈雨欣、刘俊秀、吴文钰、郑媛媛

（3）学生案例（三）

经纬广场场地拼贴说明：本方案位于学校门口，北侧是道路，南侧为教学楼。通过小组成员调查发现，场地植被丰富，但地面不平，缺少休息设施，是场地改造的主要难点之一（见图2-107）。场地白天除早晚时段外人流量较少，早晚人流量较大，主要是学生和后勤人员。此次小组作业，每位小组成员从平面图、剖面图、效果图以及前期分析图集中汇总进行拼贴，每组图片以一根红线为引导将不同区域串联起来。分析图是前期对适用人群的调查及对动植物的观察；采用五感体验分析场地优势，构思设计平面图和效果图。本次小组作业提高了学生之间的协作能力和团队意识，培养了学生的成长型人格。

图2-107　经纬广场场地拼贴 / 小组成员：刘畅、聂榆、朱佳贝、杨冬雪、刘洽含、屈乾莹

（4）学生案例（四）

涵素湖场地拼贴说明：涵素湖场地拼贴的主要内容为对场地的考察和分析。每位学生负责不同的调查部分，即日照、流线、适用人群等。学生将对路线和环境的记录放置于左上角，用图片和红线串联的形式记录场地周围的环境。场地周围多为居民区、社区居委会等，经常有不同的人群出入该区域（见图2-108）。将视线转向右上角，学生用表格的形式，纵向表达适用人群，横向表达不同人群在场地周围所停留的时间，由此分析不同人群在不同时间段停留的时间。居民区在早高峰和晚高峰的人流量大，中间时间段人流量较小，用拼贴所拍摄照片、粘贴实物的方式，可以让人更清晰地了解场地中的植物、动物。在经过学生思辨性思考后，将主观转变为客观，利用手绘的方式记录所见所感，不难发现场地杂草颇多、地面不平、可达性差等问题，这些问题成为场地的主要问题。学生观察记录调研期间场地的温度、湿度等变化，利用曲线图、折线图及不同颜色表示温度与湿度，探索场地适宜种植的植物与适宜生存的

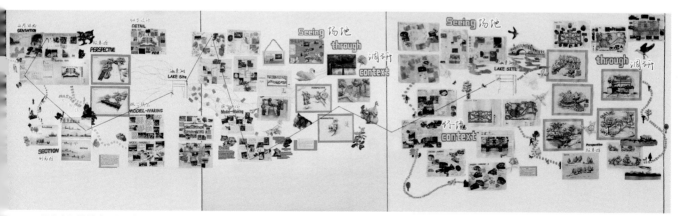

图2-108　涵素湖场地拼贴 / 小组成员：陈博弯、谭雅婷、邓因特、王策、刘彩仪

动物，继而加深对场地的了解。通过场地拼贴，学生在互帮互助中顺利完成此次作业，对于观察分析场地有了自己的理解。

（5）学生案例（五）

场地周边环境拼贴说明：想要对场地进行改造，不仅需要对场地内部进行调查与分析，还需要对场地外部进行深入调研。外部因素会影响内部因素，比如周围的建筑、流动的人群、附近的动、植物都对场地内部有间接影响（见图2-109）。该作业中，学生对以上内容进行了实地考察，对场地内外经常出现的动物也进行了观察记录。场地周围的建筑有宽大的房檐，让附近的流浪动物在此安家，为场地增添更多生动有趣的现象。场地周边的材料也被学生关注，结合天气影响，每种材料都有特点，这些对场地环境有益的因素也将被用于对场地的改造中。

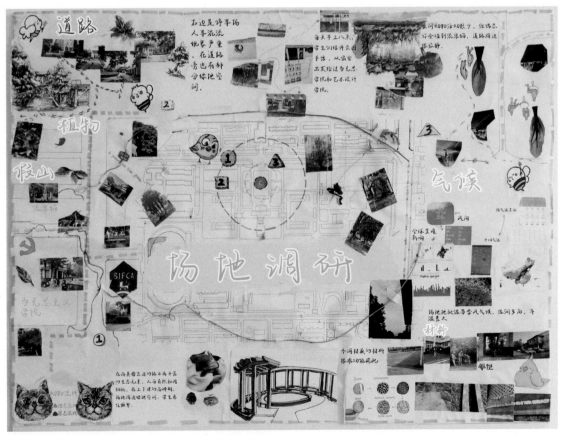

图2-109　场地周边环境拼贴1/小组成员：刘诗涵、夏睿宇、彭冉、林隽如、潘灵萱、魏诗怡、王芸萱

场地周边环境拼贴说明：该场地位于学校主楼门口的草地，我们分别从天气、动物、植物、材料、颜色等方面对场地进行全方位考察，并将各方面串联起来拼贴到场地平面图上，使场地分析更加直观和具体。本次作业的分析表达方式也十分多样化，采取了手绘、拍摄、拼贴、图表等形式（见图2-110）。例如，天气的汇总就从平均温度、最高温/最低温、降水量、风速等方面进行每日监测，并绘制柱状图、折线图和表格。流线分析则采用照片与手绘相结合的方式，最后用线条将整体串联。经过小组成员之间的讨论，对该场地及周围环境作出以下总结。

① 场地环境中的舒适绿植众多，如马蹄金、地锦草、柏树、垂叶榕等，是流浪猫和鸟类的主要栖息地。

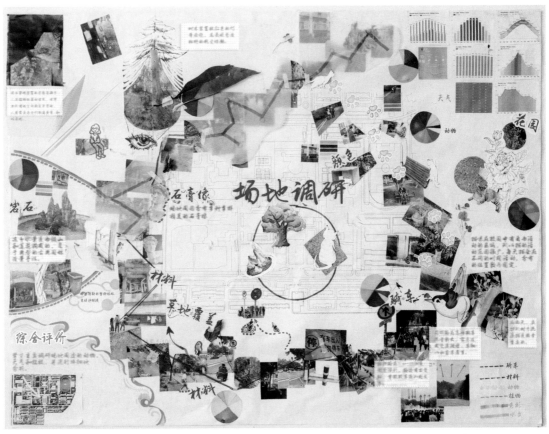

图 2-110　场地周边环境拼贴 2/ 小组成员：曹润泽、李筱婉、郑媛媛、李诗、李钰燕、王乐怡、张紫焰、张梦瑶、张心语

② 该地段处于校园的人流节点中心，学生进出校门取外卖或前往传媒学院、服装学院上课都会经过此地，也常有附近居民在此地散步、遛狗，但缺少休息的区域，夜晚也缺少光照。

③ 场地及周围的花草树木种类众多，紫藤长廊与千层石假山在不同时间的光影变化，让周围行走的人群得到视觉的满足。通过全面的调研分析，小组成员对场地具有更深层次的了解，为后期场地改造提供思路与灵感。

场地周边环境拼贴说明：该场地位于学校经纬广场，每位小组成员从颜色、天气、动物、植物等方面选择一个元素进行考察和记录，先将信息汇总再进行筛选，拼贴在场地平面图上。小组成员选择的主题是颜色、植物和动物，通过实地调研收集整理场地及周边环境的主要颜色和动物、植物，运用拍照、手绘等方法描绘场地及周边的动物、植物（见图 2-111）。随后小组成员之间多次讨论，对场地及周围环境的特征作出以下总结。

① 场地树木的种类以银杏、樟树、棕榈树等为主，花草以天蓝苜蓿、过路黄、紫花地丁、金沸草、点地梅等为主，动物以蜻蜓、蜜蜂、蝴蝶和各种鸟类为主。

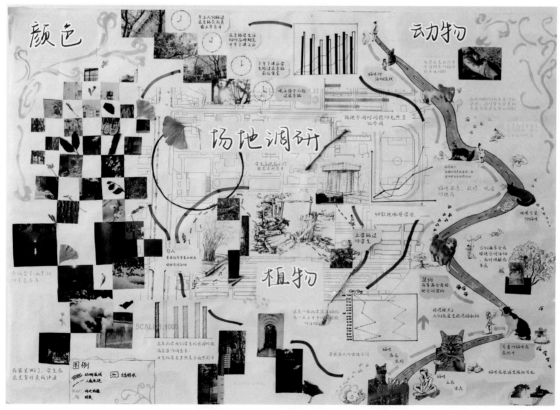

图 2-111　场地周边环境拼贴 3/ 小组成员：刘畅、朱佳贝、王晓倩、杨婉婷、聂榆、马德伟、朱冰洋

② 因周围道路停车较多，经常会有流浪猫在场地附近休息。自然生态较好，但缺少休息设施，比如长椅等。

③ 周边区域是教学楼和后勤部门，学生与后勤部门的工作人员经常路过。由于不同时间段太阳光照角度不同，带给人的感受也不同。通过小组合作拼贴，学生对场地特征有更全面的了解，为下一步设计概念的探索积累素材。

场地周边环境拼贴说明：此次小组作业是小组成员对场地周边进行观察和思考，信息汇总后制作认知地图拼贴。该组学生选择从地理位置、社会因素、动物、植物4个方面展开调研，通过查阅地图、搜集资料、问卷访谈了解场地周边环境，得出场地周边以商业教育用地和休闲娱乐功能为主（见图2-112）。运用拍照、速写、植物拼贴等方式记录场地周边环境、交通流线及植物分布。经过调查研究及小组讨论总结出如下场地特征。

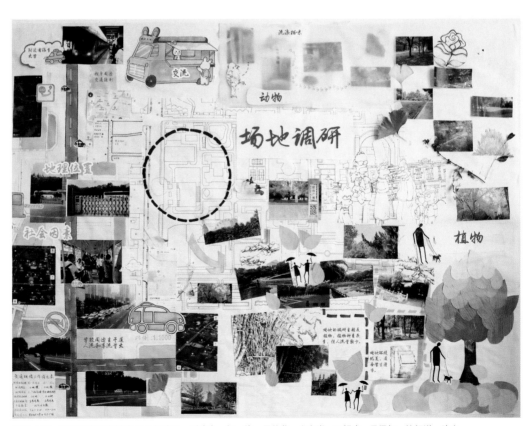

图 2-112　场地周边环境拼贴 4/ 小组成员：刘洽含、邹一格、屈乾莹、金亦岑、王祖庭、吕泽知、鲍舒洋、陈金

① 场地泥土松动，雨天泥水渗漏污染场地。

② 缺少休息设施，缺少遮阳设施，人流量少，缺乏吸引力。

③ 场地可达性差、可利用性低，年久失修，缺乏功能性。

3. 一对一辅导

在“设计方案产出与表达”的整个创作过程中，教师每周会与学生进行至少两次的一对一辅导，同时鼓励学生积极主动和教师进行沟通，提高学生的自驱性学习能力。在教学过程中通过教师指导过程记录表（见图 2–113），帮助学生及时记录一对一辅导（见图 2–114）信息，培养学生记录问题的习惯，锻炼学生思辨性思考的能力。

答疑记录

学生问题：在构思分析图时，如何呈现场地复杂的现状，同时突出场地的分析重点?

教师建议：场地区位分析是对设计场地所在位置与周边区域进行分析，分析的内容有限。场地要素分析的内容繁多，包括功能、流线、活动、植物、动物等，只需要展示场地内的重要元素以及与之有强相关的场地元素，这样分析图的构图就会主次有序，内容逻辑严谨。武汉长江主轴滨水公园的区位分析构图，为了避免内容空洞，除了展示场地的地理位置，还加入对当地水文、地形地貌的分析内容，使得整个分析图既有形式感，又层次分明。

教师指导过程记录表

模块名称： 姓名： 班级： 学号：

时间	内容（包括与教师沟通内容及教师针对个人的下一步安排）
第一周	概括思路，画出大概的设计草图，老师导出“荒凉”的主题想法，老师建议可以通过场地的高差特征，调整排版布局，可以通过速写画出设想。 教师签名：胡沛东
第二周	在制作海报时要对抽象感观进行具体表现，将感觉可视化。注意排版不要拼贴过多，可以放一些特殊的东西显得更加生动。 教师签名：胡沛东
第三周	在平面图的绘制过程中，要注意数据的准确性，图标、示例要完整。要多加思考，不能太过于表面化。 教师签名：胡沛东
第四周	问卷调查中设置问题要精确、具体、范围不要太大，对于时间、活动的记录要准确，分工合作，创作有创意的地图。 教师签名：胡沛东
第五周	对场地周围的环境调查要足够大而广泛，从不同方面来表现不同因素对环境的影响。 教师签名：胡沛东
第六周	对广泛的案例进行研究，寻找最合适的案例进行参考，对案例进行改造，运用到场地中。 教师签名：胡沛东
第七周	绘制平面图，对场地进行大概分区，根据不同的功能进行内部设计。 教师签名：胡沛东
第八周	在模型的制作中尝试运用不同的材料，不同的形式，对景观构置物所展现的不同效果进行探索。 教师签名：胡沛东
第九周	对平面图的功能分区进行详细绘制。 教师签名：胡沛东

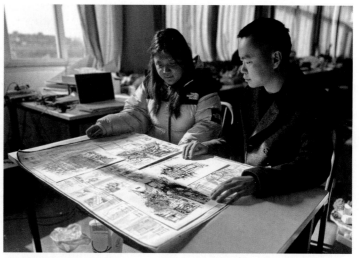

图 2–113 教师指导过程记录表

图 2–114 一对一辅导现场

2.5.3 总结与反思

1. 期末成果展示

（1）设计说明（一）

学生的设计主题是后现代科技疗愈景观，在前期调查中发现，学校的涵素湖具有交通便利和生态多样性的特点，同时希望能与场地周边场所交互，所以学生聚焦在学校医院，并通过调查发现年轻人的心理问题不容忽视（见图2–115）。采访和问卷调查收集的资料显示，校内近六成学生出现情绪预警，且占比不断扩大。针对此类

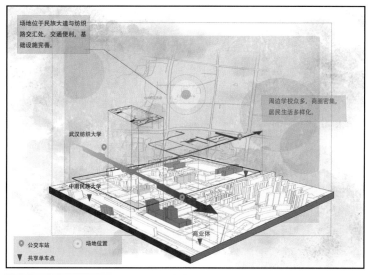

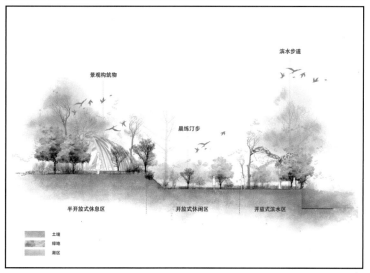

图2–115 作品集部分展示 / 谭雅婷

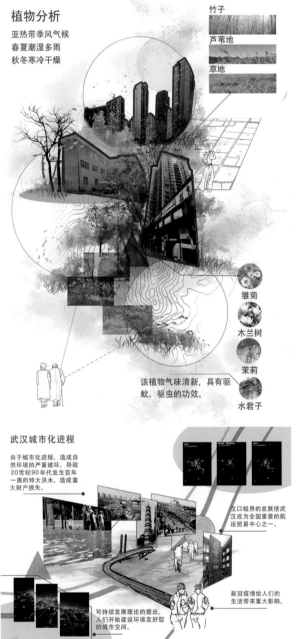

植物分析

亚热带季风气候
春夏潮湿多雨
秋冬寒冷干燥

竹子

芦苇地

草地

雏菊

木兰树

茉莉

水君子

该植物气味清新，具有驱蚊、驱虫的功效。

武汉城市化进程

由于城市化进程，造成自然环境的严重破坏，导致20世纪90年代发生百年一遇的特大洪水，造成重大财产损失。

汉口租界的发展使武汉成为全国重要的航运贸易中心之一。

可持续发展理论的提出，人们开始建设环境友好型的城市空间。

新冠疫情给人们的生活带来重大影响。

图 2-115　作品集部分展示（续）/ 谭雅婷

问题，学生尝试通过景观设计来调节人的情绪，并将让景观呼应人的感受作为设计主题。在设计模型过程中，对场地地形进行多次调整，尝试与构筑物相结合，最终设计为多级下降式地形，给人一种被环绕的感觉。功能分区分为半私密空间与开放空间。景观构筑物的设计以场地内植物为灵感进行推演，目的是建立更亲近自然的滨水环境，并对原有自然环境进行重新规划。用不同质感、颜色、气味的植物去营造一种氛围，来回应人的感受，从多方面刺激人体感官。学生大胆畅想与科技结合，设想利用仿生机器结构发射不同频率的声波，利用虚拟现实技术和投影技术对场地周围环境进行调节，帮助人们调节情绪，将科学管控疾病方式与传统的芳香疗法巧妙结合，去探寻心理情绪调节的新模式。

（2）设计说明（二）

学生的设计主题是生态教育景观，通过调查发现，经纬广场的草坪与四周道路相连，由于场地长期缺乏维护，景观生态比较荒凉。学生通过调查发现校园内动物活动不可忽视，同时希望人与动物增加互动（见图2-116）。针对调研问题，学生尝试通过景观构筑物加强场地与周边环境的联系，让景观空间与人相互依存，并为校内的动物提供庇护所。在概念模型探索中，对场地不同时间的光照进行多次调整，最终设计

图2-116　作品集部分展示 / 聂榆

图 2-116 作品集部分展示（续）/ 聂榆

为木质结构搭配磨砂玻璃的结构。景观构筑物可作为小型室外教学区域和团建活动区域，给人提供更多的活动空间，以及回归自然的生态环境。学生将场地划分为3个不同的功能区域，吸引来往的学生，促进场地与周边交互和生态教育意义，营造生态统一的和谐景观空间。

（3）设计说明（三）

该场地是学校尚美楼正对面的草坪，场地内有若干生长旺盛的树木，根据前期调研发现平时活动人群稀少，由此可见场地的实用性不高。虽然场地的两侧有可供人们通行和骑行的道路，但人流量并不高。通过结合前期调研分析，学生以"丰富校园生活"为设计概念，在保留场地原有生态的基础上，融入多种元素吸引学生、教师以及校外人员重新进入场地（见图2-117）。通过教师指导学习和借鉴设计景观构筑物，置于场地的正前方，以"金字塔"框架为主创造出不一样的视觉效果，而景观构筑物的下沉空间也能充分利用，比如举办课程展览、组织社团聚会等活动。

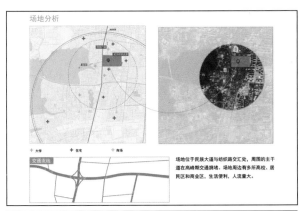

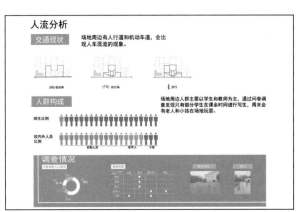

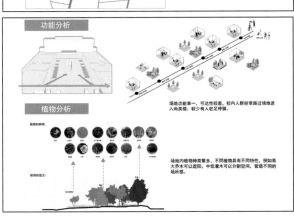

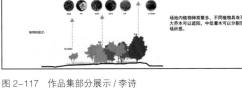

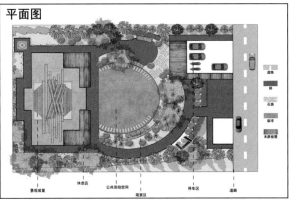

图 2-117　作品集部分展示 / 李诗

校园文化

丰富的校园生活

小型舞台

绿色植物的沙发

户外茶桌

社团活动

活动分析

景观装置

休息区域

写生和拍照区域

游乐区域

拍照

休息

休闲漫步

图 2-117　作品集部分展示（续）/ 李诗

2. 作品评价

（1）学生案例（一）

学生基于对场地土坡的主观感受及客观调研信息的整合，探索设计概念。学生在前期对场地进行勘探后，发现场地在校园中处于闲置状态。学生分析后发现场地主要有以下两点问题。

① 场地内杂草丛生、光线分布不均，有部分场地长期被教学楼遮挡。

② 场地使用率低，没有供人聚集休闲的地方，导致场地的人流量小。通过学生对问题进行总结，并对不同的人群进行问卷调查，众人基本认同此观点并期望做出相应的改变（见图2-118）。根据这一想法及前期对场地多方面的分析，学生有了构建一个"梦幻乐园"的想法，提出激活校园内的闲置场地，构建一个既能休闲娱乐，又能阅读学习的场所，丰富学生的课余生活，美化学校环境。

教师评价：

这位学生的作品评级为优秀，在任务中的理论与实践结合能力表现突出，具有积极主动的自驱性学习能力、探索能力、分析能力和优秀的图文转译能力。在作品中，场地的调研分析具有逻辑性，以问题为导向探索设计概念，学生展现了突出的思辨性思维与丰富的视觉可视化表现技法。

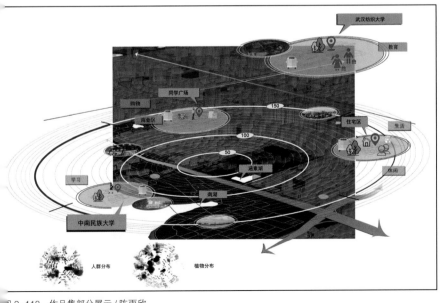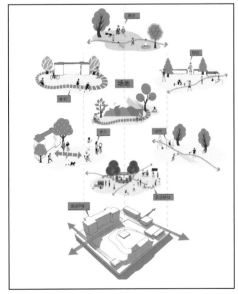

图2-118　作品集部分展示／陈雨欣

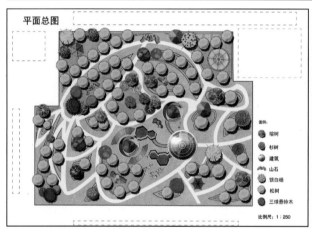

图 2-118 作品集部分展示（续）/ 陈雨欣

在分析图中清晰展现场地区位及周边的环境，通过对场地的交通流线、人群活动及生态系统的分析，明确场地的主要问题并提出"梦幻乐园"设计概念。通过课堂讲座、教师辅导和工作坊实践，学生对"场地调研 – 设计概念 – 方案产出"的整个设计过程具有深刻理解。学生通过平面图、剖面图和透视图，从不同的角度展示设计概念，达到预期设计效果。

（2）学生案例（二）

设计场地是学校的经纬广场，学生基于前期对场地调研信息的整合，对场地有了初步的了解及设计概念。设计的主导思想是生态保护、文化传播、美化环境和便民便捷，坚持"以人为本"，体现人与自然和谐共生的设计思想（见图2-119）。本设计分为3大功能区域：观赏区、游玩区和休息区，共有4个入口。场地的主入口为一条木质地板路，贯穿整个场地，植物配置以乡土树种为主，疏密结合，高低错落，形成一定的层次感。植物主要以常绿树种为"背景"，搭配各色的花灌木等，满足人们观赏游玩的需求，打造一处校园生态休闲地带。在保护场地现状的基础上保留优质绿化，对部分区域进行景观提升。设计力求营造轻松的氛围，将形式美融入功能需求中，为师生创造自然优美、多元舒适的室外休憩空间，并满足健身、交流、休闲、娱乐的功能需求。

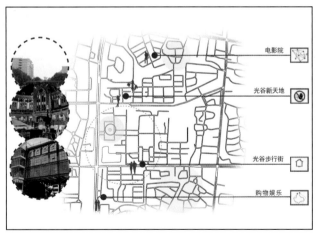
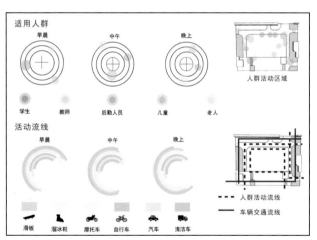

图 2-119　作品集部分展示 / 刘畅

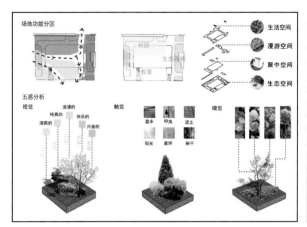

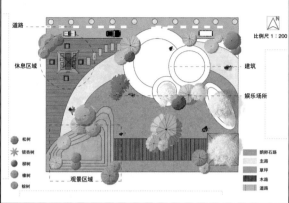

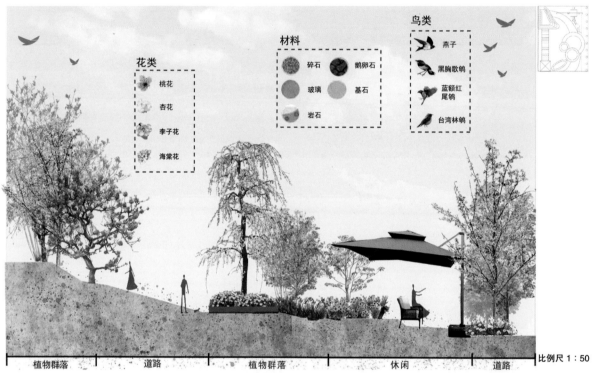

图 2-119　作品集部分展示（续）/ 刘畅

教师评价：

这位学生的作品评级为良好，在任务中理论与实践结合能力表现良好，具有一定的自驱性学习能力、探索能力和分析能力。在作品中，场地的调研分析具有一定的逻辑性，以场地问题为导向探索设计概念。在整体调研过程中，学生展现出尝试运用思辨性思维的主动性。

在分析图中准确地展现场地区位及周边环境，通过对场地的交通流线、人群活动及植物群落的分析，明确场地的主要问题并提出"低碳环保"设计思想。通过课堂讲座、教师辅导和工作坊实践，学生在整体作品的表达形式上始终保持了一致性，但在分析图的构思设计方面，仍需要思考如何将不同的调研信息有效地进行视觉可视化设计。

第 3 章

课程总结与反馈

　　课程将"立德树人"作为培养目标，将模块化教学融入我国的设计教学体系，完善课程培养模式。在人才培养模式上，探索新文科的跨专业教学，打造沉浸式的情境体验，完善课程全过程评价，提高学生的文化素养，培养学生的自驱性学习、思辨性反思、团队协作等能力。课程的教学模式旨在帮助学生有效地探究专业知识边界，确保设计专业理论与实践的完整性和可行性。

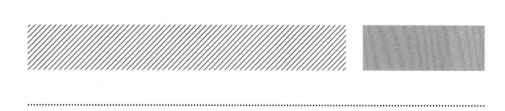

3.1　教学模式

在新文科背景下，本课程以"立德树人"作为教学的中心环节，将思政元素与课程内容相结合，把思想政治教育贯穿于课程教学的全过程。引导学生通过场地调研分析场地的主要问题，激发设计灵感，启发学生的创意思考，培养学生的社会责任感，树立正确的核心价值观。课程的教学策略主要包括以下 3 个方面。

（1）以感性思维与理性思维相结合的调研模式探索跨专业教学

新文科在人才培养模式上，要求尝试跨专业的新突破，实现文理、文工等专业之间的交互，培养跨专业的复合型人才。高校传统的景观设计课程采用相对感性的调研方式分析场地，缺乏对场地问题的理性思考，由于学生相对固定的思维模式，导致场地分析缺乏逻辑性和客观性，往往不能确定场地的主要问题。"景观调研与设计"课

【课程作品集
王乐怡】

程引入环境心理学、社会行为学等课程内容，引导学生客观理性地认识外部世界，同时强调对场地直觉印象的主观感受。学生在行走感知和理性思考中多维度体验与分析场地，这种感性与理性相互交织的思维模式有利于培养学生多角度分析问题的能力，形成全面客观的认知模式。

（2）以模块化课程的培养体系打造沉浸式的情境体验

新文科的人才培养模式要求明确能力结构、素质要求与课程结构的映射关系，完善课程质量评价体系。课程教学结构要立体多元，将知识传授、价值塑造和能力培养三要素进行多元统一。"景观调研与设计"采用模块化课程开展设计教学，在模块化课程体系中，每门课的教学目标都对应专业人才培养方案的培养目标。该课程作为模块化课程体系的专业导入课程，应从思维模式出发引导学生在调研实践中探索并汲取知识。该课程根据教学安排，设置了5个情境主题，即认识景观、场地认知体验、场地认知思辨、场地灵感生发、设计方案产出与表达。每个情境主题分为单个或多个小任务，并对应相关的知识点，学生通过调研实践全面地梳理归纳知识点的网状脉络，从沉浸式的情境体验中更深刻地理解课程知识点，达到课程培养目标。

（3）以多元化的教学模式完善课程全过程评价

新文科的课程人才培养在课程体系建设中，要求对教学过程和期末考核进行全过程评估，建立完善的课程评价体系。"景观调研与设计"模块课程采用多元化的教学模式，包括讲座、场地调研、设计工作坊、一对一课堂辅导、作品展示与陈述等，从而锻炼学生的自驱性学习能力、思辨能力及沟通表达能力。在课程任务发布后，学生根据任务要求进行实地调研，各班以小组为单位进行讨论总结，并进行思辨性反思，在反思过程中，学生不断完善调研方法，激发设计灵感。在设计概念探索阶段，通过设计工作坊和一对一课堂辅导，启发学生不断深化研究课题，保证设计概念更具有创造性、设计方案更具可行性。课程全过程评价采用小组成员的自评与互评、一对一评价、教师初评、专业教师内审4个环节来保障全过程评价的客观性和公正性。

3.2　培养体系

"景观调研与设计"课程依托英国的优质教学理念和教学方式，进行本土化的教学实践。课程采用个性化的人才培养方式，循序渐进地激发学生的创意思考，注重提高学生的文化素养，培养学生的自驱性学习、思辨性反思、团队协作等能力，从而改善学生由于长期应试教育形成的固化思维而导致的创新思维、实践能力不足，人才培养与社会需求脱节等问题。该课程将模块化教学方式融入我国的设计教学体系中，帮助学生有效地探究专业知识边界，衔接阶段性设计技能，并与我国的设计教学体系进行整合，确保设计专业理论与实践的完整性和可行性。

首先，英国设计教育理念需要在我国的设计教学体系中完成转化与更新。我国的设计教育普遍存在"教师讲、学生听、实践少"的现象，忽视学生的个性化发展。课程借鉴英国设计教育理念，引入"以学生学业体验为中心"的培养理念，重视实践环节在设计教育中的积极作用，通过不同形式激发学生的创意思维，培养学生的设计调研与分析能力。

其次，人才培养的过程及教育方式需要进行演变和探索。在设计教学方式中，课程通过"互动式－探索式－启发式"的教学模式培养学生的设计技能以及调研分析与解决问题的能力。不论是在模块教学还是专业学习过程中，教师对学生学业的评价和反馈都基于鼓励学生在自主思辨、创意思维、协作沟通等方面能力的提升。从前期调研分析到设计深化、从创作依据到创意的构思与拓展、从个人表述到小组辩论等环节，都将作为课程考核内容。期末总评采用课程导师组共同评定，综合学生在课程全过程中的表现和期末测评标准进行评定。

最后，在学生学业评价体系构建上，学院形成"以学生为中心"的模块课程教学评价体系，通过学生积极反馈，保障质量评价体系，使学生由消极被动式学习向积极主动式学习转变。学院在教学组织和评价体系的构建方式上，设置学生自评、导师互评、小组互评、一对一评价、专业教师评价和课程进程评价等多种评价方式，对专业模块的教学质量进行把控。评价体系从学业体验、教授方式、教学方法与课程产出等方面进行综合评估，将评议结果反馈学院教学管理委员会，以便对专业模块做进一步优化。根据英国质量保证局（QAA）和英国风景园林协会质量标准（LI）的评价要求，模块课程评估分为4项评价内容，在期末总评中各占比为25%。在完成模块课程后，学生会收到任课教师的反馈评价表，反馈评价表会详细记录成绩评价小组对学生的肯定评语和改进建议（见图3-1）。

课程编码	24180201	课程名称	景观调研与设计
评分标准 [100%]	1 [100%]	评价类型	作品集

学生学号		学生姓名	
专业类别	环境设计		
课程教师			
作业延期		延期时长		迟交处理	

反馈 & 评价： 学生作品集的总体评价，并给出改进建议

优点方面： • 详细的场地分析，并展现对场地特征的理解； • 通过细致的场地调研，分析场地环境并进行思辨性反思； • 学生将速写与照片进行拼贴记录场地细节，特别是人对场地植物与材料的体验感； • 学生在概念模型设计中提取设计灵感，使概念模型的结构具有创意性和活力； • 场地平面图和透视图多维度地诠释了学生的设计概念； • 在设计反思环节，学生详细阐述了自己的设计过程。 改进建议： • 场地剖面图应展示更多场地细节，如人与环境的互动； • 设计作品集的布局与构图应更具有设计感。	内审分数 **73%**

改进措施： 制订计划并在未来学习中改进

执行计划
• 在设计概念部分，应拓展思路尝试不同形式的设计概念，从不同角度进行深入探索；
• 熟练掌握平面图、剖面图和透视图的绘画表达。

初评老师		初评老师签名		日期	

内审评语

内审通过

内审老师		内审老师签名		日期	

期末测评反馈表
环境设计——景观调研与设计

图 3-1　反馈评价表

景观调研与设计——学习目标

期末测评标准	0~39%	40%~49%	50%~59%	60%~69%	70%~79%	80%~89%	90%~100%
通过学习核心的设计元素和原则，应用于现代景观的设计实践中							
X 代表在期末测评标准中的分数级别					x		
排版完成一个完整的设计作品集，展示设计中的灵感探究							
X 代表在期末测评标准中的分数级别					x		
展示团队合作和独立制定设计策略、设计方案的执行能力							
X 代表在期末测评标准中的分数级别					x		
通过概念模型表达设计灵感，形成设计概念							
X 代表在期末测评标准中的分数级别					x		

期末测评反馈表
环境设计——景观调研与设计

图 3-1 反馈评价表（续）

课程考试考核与评价标准

	0~39%不及格	40%~49%	50%~59%	60%~69%	70%~100%
课程目标1 分数占比: 25%	**通过学习核心的设计元素和原则，应用于现代景观的设计实践中**				
	无或极少客观研究依据，专业实践无结论	有基本的客观研究依据和清晰的专业实践结论	有比较客观的研究依据和比较专业的实践结论	有深度的客观研究依据和深度的专业实践结论	有准确的且具有重大意义的客观研究依据，有深刻见解及准确的专业实践结论
课程目标2 分数占比: 25%	**排版完成一份完整的设计作品集，展示设计中的灵感探究**				
	未理解作品集设计的差异性，不充分的思辨性分析	基本理解作品集设计的差异性，基本的思辨性分析	比较客观理解作品集设计的差异性，比较客观的思辨性分析	深度理解作品集设计的差异性，准确的思辨性分析	全面广泛地理解作品集设计的差异性，深度的思辨性分析
课程目标3 分数占比: 25%	**展示团队合作和独立制定设计策略、设计方案的执行能力**				
	未参与团队合作	参与基本的团队合作	在团队合作中展示出较好的沟通能力和协作能力	在团队合作中展示出较强的沟通能力和协作能力	在团队合作中展示出色的沟通能力和协作能力
课程目标4 分数占比: 25%	**通过概念模型表达设计灵感，形成设计概念**				
	未理解概念模型内涵，未形成有效的设计概念	基本理解概念模型内涵，也形成基本的设计概念	比较好地理解了概念模型内涵，并形成了有效的设计概念	比较深入地理解了概念模型内涵，并形成了创意性的设计概念	出色地理解了概念模型内涵，并形成了极具创意性的设计概念

期末测评反馈表
环境设计——景观调研与设计

图 3-1　反馈评价表（续）

3.3 学生反馈

学生评价（一）

在完成课程学习后，我对环境设计的专业知识有了整体认识。从前期的场地观察分析，到灵感生发，再到方案深化，以及设计成果产出等模块课程内容，都让我获益良多。场地探索包括对空间、周边环境、人流、历史背景等进行调研，运用多种形式，如手绘、照片、拼贴、文字描述等方法，对所观察到的内容进行记录，多种手法的结合既有助于我表达对场地的感受，同时这些信息和数据也能对我后期的设计起到辅助作用。在五感体验中，通过不同的尝试让我感受到，分析的过程中也可以是很有趣的。在灵感生发这一部分，通过制作模型及整合前期所收集的信息，让我产生了初步的设计灵感。在模型的制作过程中，我学习到了如何将想法用抽象的方式表达出来，并思考如何将其运用到设计中。在设计深化这一部分，我学习了如何将设计概念按照制图规范表现出来，以及思考和探索运用不同元素或材质创造出不同的效果。在设计反思这一部分，我通过重新整理前期的作业，进行对比并反思整个设计过程，不断地将其改进和完善，让我学习到如何运用批判性的思维和眼光来反思自己的设计，找出不恰当的元素加以修改完善，使我对整个课程的流程及设计思路有了更深刻的认识，巩固了所学的知识。

综上所述，在模块课程的学习中，我清楚地了解和掌握了整个设计过程，学会了应该从哪些方面着手进行分析、如何分析，以及采用什么方式等，并能合理地运用到设计中。

学生评价（二）

完成模块课程的学习后，我对环境设计专业方向及设计流程有了一个初步的认识。基于课程的设置，从最初的场地观察逐渐过渡到进行场地的信息收集与分析，再到设计概念的生成，及初步方案的拟定，最后将多次斟酌的方案展示出来，该流程也将应用到我后期的学习和工作中。我们在设计前首先需要对场地进行充分的观察，包括场地内的水文、植被、地形、局部气候等，同时也涉及场地外与场地有关的信息，如周边的人流情况，以及周边的环境对于场地的影响。我们在收集信息的同时，需要整理出一份完整且有价值的报告作为之后的设计参考方案。在方案最终确定前，我们需要绘制大量的草图来思考和细化设计内容，我在大量的设计草图中选择了一幅较为合适的草图作为初定方案。这个过程中也是较为消耗创造力的环节，对于首次接触设计的我来说，快速绘制出一定数量的草图是较为耗费精力的工作。之后便是制作概念模型进行特征分析，来确定最终设计方向和设计方案。我使用到了木棒、铁丝、瓦楞纸等材料来制作模型，将一个抽象的设计关键词通过模型表达出来，对我来说是有一定难度的，因为模型所表达的感觉是因人而异的，通过模型来表现我的设计关键词是一个反复琢磨的过程。最后，我要对之前的设计过程进行反思，提炼出在设计中可以继续保持的优点，也要寻找出在设计过程中出现的纰漏以及不足之处，吸取教训，总结经验。这是在设计中容易被忽略的一环，但也是不可或缺的一环，我们需要重视这一环节的反思，而不是简单地走一个形式。

以上即是我对于灵感生发这一模块的评价总结，该模块课程让我对设计流程有一个清楚的认识，也让我了解到设计的目的和意义，及如何去发现问题和解决问题。

学生评价（三）

在完成系统的模块学习后，我对环境设计有了一定程度的专业性知识储备。从场地认知训练到一个较为完整的场地设计形成，激发了我对环境设计的艺术敏感性，同时，一种边收集边塑造的理性设计思维雏形在我脑海中构成。这门课程中的每一个环节都是设计不可或缺的。其中，以空间性的视觉角度认识场地，要求我们对场地现状进行初步的了解与判断，要求我们对场地进行实际考察，提升对现有场地的熟悉度，并引导我们从空间美学构成和功能性的人文关怀方面去深入探索场地。紧随其后的是通过五感认识场地，这个板块要求我们以系统学习详尽要求的流程去感知，并以各种形式详细记录萌生的感受类型及产生的逻辑，通过 5 种感官和 2 种感知体验认识现有场地（一种是选点观察感受，另一种是模拟流动在场地内穿行感受）。我想这部分的学习有一种隐性的功能，或是要求推动我边感受边思考，设计的场地应当具备何种属性特质，才能给人们更丰富、更独特的感官体验。

在前两个环节中，作为初级的观察者和感性的感受者后，我们要作为理性的实干家，和同组成员共同完成对场地的实际测绘。这一步，通过对数据准确性的要求，我们需要用卷尺一次次地测量场地，最终结合有关比例要求的基础知识，完成场地的测绘图。同时启发我从物理的角度去探索场地现状形成的原因或是制约因素。在上一环节产生的困惑，很快就在场地中得到了解答。在这一环节，我们小组被要求对场地的历史背景、现存的动植物生态状况和活动人群属性等进行了科学调研，使我们在后期设计方向上有更多的严谨考量，确保场地设计不会有严重的视角缺失。

通过变化看场地是整个教学中对团体协作性要求最高的环节，我们按照要求在一周内每日的 3 个时段记录过往行人在场地测绘图附近的分布点。在此过程中，我们详尽地记录所有行人在时段内的所在位置和部分人群的行动路线，但其庞大的人口基数让我们在记录分工的过程中存在较大的困难，我们尝试着使用影像等工具帮助我们更科学地统计场地信息。同时进行的生物采选记录则更具有趣味性，我们在一次选取景观点失败后，保守地遵从老师推荐的方法进行了为期一周的植物观察日志。这一环节，塑造了我的"设计服务于人"的设计理念，也警醒我设计至少应该不对生态环境造成破坏，而优秀的设计应当平衡人与自然的关系，促进生态修复的良性发展。

综上所述，这门课程的学习帮助我初步了解景观设计的调研方法及设计流程。同时也激发了我对于学习环境设计的兴趣。

3.4 教师评价

"景观调研与设计"课程在新文科建设的指导思想下，将多学科相关专业的知识点组织串联，进行系统性的讲授。课程通过5种情境的教学设计，即认识景观、场地认知体验、场地认知思辨、场地灵感生发、设计方案产出与表达，帮助环境设计专业的新生初步了解景观设计流程。教师在进行模块课程讲解之后，学生对于课程的认知和对即将开展学习活动的规划，基于单个任务中课程内容的补充和活动的安排，学生从调研实践中总结调研方法，发掘设计灵感。相比于传统设计类基础课程教学，本课程在专业学习过程中积极调动学生的主观能动性，让学生能够主动参与到教学活动中。模块教学采用多种教学形式相结合的方式，有利于提升课堂效率，增进师生间情感交流。期末个人或小组陈述和学生互评也有利于提升学生的沟通能力、临场应变能力，为后续课程的学习奠定良好的基础。

然而，在课程教学过程中，也遇到了一些教学问题亟待解决。部分学生在"场地灵感生发"环节产出较少，不能与前期场地调研的教学环节紧密结合，导致较难提炼设计灵感，各个教学任务之间的衔接有待进一步优化。在"场地灵感生发"环节，教师目前主要采用案例分析、模型探索、思维导图等方式启发学生思考，引导学生更深入地体验生活细节，拓展学生思维，调动学生的主观能动性，从人的尺度去发现居民的生活痛点，从多领域、多角度去认识与探索设计概念。

参考文献

布思.风景园林设计要素（图解版）[M].曹礼昆，曹德鲲，译，北京：北京科学技术出版社，2018.

曹丹丹，李芳芳.园林设计与施工手册[M].北京：北京希望电子出版社，2021.

成玉宁.现代景观设计理论与方法[M].南京：东南大学出版社，2010.

范雪.苏州博物馆新馆[J].建筑学报，2007（2）：36-42+2.

公伟.空间、感知、推理相结合的艺术设计专业景观设计教学方法研究[J].艺术教育，2013（6）：154-156.

郭巍.空间与地形：风景园林案例形式解析[M].北京：中国建筑工业出版社，2020.

郝欧，谢占宇.景观规划设计原理[M].2版.武汉：华中科技大学出版社，2022.

黑格尔.美学[M].朱光潜，译.北京：商务印书馆，1979.

里德.园林景观设计：从概念到形式（原著第2版）[M].郑淮兵，译.北京：中国建筑工业出版社，2010.

林奇.城市意象（最新校订版）[M].2版.方益萍，何晓军，译.北京：华夏出版社，2017.

林玉莲，胡正凡.环境心理学[M].2版.北京：中国建筑工业出版社，2006.

刘骏.理性与感性的交织：景观设计教学中的理性分析与感性认知[J].中国园林，2009，25（11）：48-51.

麦克哈格.设计结合自然[M].闵经纬，译.天津：天津大学出版社，2006.

史莱因，刘兵.艺术与物理学[M].暴永宁，吴伯泽，译.长春：吉林人民出版社，2001.

汤普森，特拉夫罗.开放空间：人性化空间[M].章建明，黄丽玲，译.北京：中国建筑工业出版社，2011.

唐克扬."关键词"：绘制当代建筑学的地图[M].北京：北京大学出版社，2021.

王锋.行走感知与理性图形：景观设计教学新探讨[J].装饰，2012（4）：74-76.

王向荣，林箐.西方现代景观设计的理论与实践[M].北京：中国建筑工业出版社，2002.

王志芳 . 景观设计研究方法 [M]. 北京：中国建筑工业出版社，2022.

闫寒 . 建筑学场地设计 [M] . 5 版 . 北京：中国建筑工业出版社，2021.

原研哉 . 设计中的设计 [M]. 朱锷，译 . 济南：山东人民出版社，2006.